调相机安装调试监督手册

国网江苏省电力有限公司检修分公司　编

中国电力出版社
CHINA ELECTRIC POWER PRESS

内容提要

为进一步规范新（扩、改）建调相机工程的质量工艺监督工作，国网江苏省电力有限公司编写《调相机安装调试监督手册》一书，本书共分为4章。主要内容包括一次设备监督作业指导书、二次设备监督作业指导书、机务系统监督作业指导书和设备监督作业指导卡，涵盖14类设备。每类设备划分为到场监督、安装监督和功能调试监督三个主要环节，详细说明了监督项目、监督内容以及监督要求。

本书可供新（扩、改）建调相机工程现场监督设备质量工艺的工作人员使用，也可供工程管理人员学习参考。

图书在版编目（CIP）数据

调相机安装调试监督手册 / 国网江苏省电力有限公司检修分公司编 . —北京：中国电力出版社，2019.4

ISBN 978-7-5198-3080-9

Ⅰ.①调… Ⅱ.①国… Ⅲ.①同步补偿机—设备安装—手册 ②同步补偿机—调试方法—手册 Ⅳ.① TM342-62

中国版本图书馆 CIP 数据核字（2019）第 071643 号

出版发行：中国电力出版社
地　　址：北京市东城区北京站西街 19 号（邮政编码 100005）
网　　址：http：//www.cepp.sgcc.com.cn
责任编辑：肖　敏（010-63412363）
责任校对：黄　蓓　常燕昆
装帧设计：左　铭
责任印制：石　雷

印　　刷：三河市百盛印装有限公司
版　　次：2019 年 4 月第一版
印　　次：2019 年 4 月北京第一次印刷
开　　本：787 毫米 ×1092 毫米　16 开本
印　　张：11.75
字　　数：360 千字
印　　数：0001—2000 册
定　　价：60.00 元

编　委　会

前 言

由于特高压直流远距离输电技术的推广应用，国家电网有限公司（简称公司）的电网资源优化配置能力显著提高。随着直流输电距离越来越远，负荷中心受电比例不断增高，公司所属的电网特性和电源结构发生了较大变化，“强直弱交”现象日益明显，直流送、受端电网均存在动态无功储备下降、电压支撑不足等问题。

为提高大电网安全稳定性，解决局部电网系统动态无功补偿不足问题和提升电压稳定性，形成“大电流输电、强无功支撑”，公司对调相机这一“老技术”提出了“新应用”，决定在已投运和在建直流工程送、受端以及北京等大比例外受电地区建设一批调相机机组，调相机将成为大电网安全综合防御体系的重要组成部分。

为进一步规范新（扩、改）建调相机工程的质量工艺监督工作，加强生产准备工作的针对性和有效性，提升新（扩、改）建调相机设备的生产准备管理水平，减少新（扩、改）建期间的生产准备重复劳动，国网江苏省电力有限公司（简称国网江苏电力）充分发挥集约化管理及人才优势，组织参与调相机工程的运检人员和相关设备生产厂家，依据国家、电力行业、公司和各省公司颁布的相关标准、规程和制度，并结合生产实际要求，编写了《调相机安装调试监督手册》一书，以指导新（扩、改）建调相机设备相关生产准备人员进行现场设备质量工艺的监督工作，并为调相机设备安全、可靠运检和精益化管理奠定良好基础。

本书共分为 4 章，主要内容包括一次设备监督作业指导书、二次设备监督作业指导书、机务系统监督作业指导书和设备监督作业指导卡，涵盖 14 类设备。每类设备划分为到场监督、安装监督和功能调试监督三个主要环节，详细说明了监督项目、监督内容以及监督要求。

本书致力于培养调相机设备运行、维护、检修和管理等工作所需人才，加强对调相机技术复合运检人才的培训，进一步提高特高压电网的建设标准，同时为生产准备工作提供借鉴。

本书在编写过程中得到了上海电气电站设备有限公司发电机厂与南瑞继保电气有限公司的大力支持，在此谨向他们表示衷心的感谢。

限于编者的水平，书中难免有所疏漏，敬请广大读者批评指正！

编者

2018 年 12 月 1 日

使用说明

1. 本书适用于双水内冷调相机设备安装（试验）工程全过程质量工艺检查及监督工作。

2. 本书包括监督作业指导书和监督作业指导卡两部分，监督作业指导书包括一次设备监督作业指导书、二次设备监督作业指导书、机务系统监督作业指导书；设备监督作业指导卡，涵盖 14 类设备。监督作业指导卡依据监督作业指导书的内容，对电气设备安装（试验）工程项目关键环节进行记录和确认，以监督施工安装要求和质量追溯。

3. 监督作业指导书根据电气设备安装（试验）工程设备到场监督、安装过程控制监督、设备调试监督的施工流程进行编制，要求对关键环节进行重点督查。

4. 监督指导卡中设备厂家、型号应据实填写，依据监督指导书相关内容检查核实，准确填写跟踪情况和收资情况。

目 录

绪　论

0.1 调相机工程概况

公司系统首批 47 台调相机分布在 19 座换流站和 3 座变电站，国网北京、山东、江苏、浙江、湖北、湖南、河南、江西、四川、蒙东、青海、西藏电力和国网运行分公司 13 家单位负责调相机运维检修管理。

国网江苏省电力有限公司调相机工程情况介绍：

（1）泰州换流站调相机工程。泰州换流站加装两台 300Mvar 双水内冷同步调相机，采用调相机—变压器组单元接线，先接入 500kV 调相机大组母线，再接入 500kV 第 1 串。泰州调相机工程于 2016 年 7 月开工建设，已于 2018 年 10 月建成投产。

（2）淮安换流站调相机工程。淮安换流站加装两台 300Mvar 双水内冷同步调相机，采用调相机—变压器组单元接线，分别接入 500kV Ⅲ、Ⅳ母线。淮安调相机工程于 2016 年 10 月开工建设，已于 2018 年 12 月建成投产。

（3）政平换流站调相机工程。政平换流站加装四台 300Mvar 空冷同步调相机，采用调相机—变压器组单元接线，每两台分别接入大组母线，再接入 500kV Ⅰ、Ⅱ母线。计划 2019 年 9 月建成投产。政平调相机工程目前处于设备安装阶段。

（4）同里换流站调相机工程。同里换流站加装两台 300Mvar 空冷同步调相机，采用调相机—变压器组单元接线，分别接入 500kV 交流滤波器 #63、#61 母线。计划 2019 年 9 月建成投产。同里调相机工程目前处于设备安装阶段。

0.2 设备质量工艺监督的意义

随着中国科学技术水平的不断提升，国内电力设备安装调试质量整体水平有了明显的提高。电力设备安装调试质量监督工作越来越被人们所重视，质量监督工作是电力设备安装调试质量管理方面的一个重要的组成部分，需要进一步发展和完善，从而探索出适合的电力设备安装工程质量监督模式。

电力设备安装调试质量直接影响到电力设备的长期安全稳定运行关系到工程项目的投资效益、环境效益和社会效益。

对在建工程质量进行监督可以减少和预防在设备运行过程中产生的质量安全隐患，从而减少工程消耗的成本，增加工程资产稳定性和持久性，使工程使用效率最高，维修率和重建率大大降低，固定资产的使用维修费也相应地大大降低，为设备的长期安全稳定运行提供坚实的基础。

电力设备安装调试质量监督涉及设备到场、安装和试验等方面。电力设备安装调试质量监督主要监督建设单位、施工单位等是否按照国家、行业的法律法规、技术规范和标准以及其他的管理规定进行作业。在进行电力设备安装调试质量监督的过程中，从开始到结束都把全过程监督管理的思想贯穿其中，保证设备安装调试的质量。

国网江苏电力根据公司的统一部署，以深度参与工程建设，全过程落实技术监督为抓手，以人员培训到位、标准体系到位、质量管控到位为重点，统筹谋划、创新发展，精心做好特高压生产准备工作，确保工程按期顺利启动、设备零缺陷投运、长周期稳定运行。

为做好“三个到位”，国网江苏电力以变电站为单位，组织开展了设备安装调试质量工艺监督工作，实际应用过程中，与工程建设业主项目部、监理单位、施工单位以及设计单位进行了交流，保证设备安装调制的质量工艺符合各项技术规范的要求，以满足现场运维检修的实际需求。

1

一次设备监督作业指导书

1.1 调相机主机

1.1.1 到场监督

序号	项目	内容	等级	要求
1	定子本体跟踪	开箱检查	重要	1. 冲撞记录仪检查，符合标准（小于3*g*）。 2. 定子开箱后需要做好防潮、防水、防尘等保护措施。 3. 定子开箱后需要立即检查三相主绝缘、测温元件直阻及绝缘、汇水管绝缘。 4. 定子开箱后，在整个安装过程中，应保证所有法兰口（定子进、出水法兰，汇水管排污口等）有临时遮挡措施。 5. 技术文件齐备： （1）设备供货清单及设备装箱单。 （2）设备的安装、运行、维护说明书和相关技术文件。 （3）设备出厂质量证明文件、检验试验记录及缺陷处理记录。 （4）设备装配图和部件结构图。 （5）主要零部件材料的材质性能证明文件
		外观检查	重要	1. 膛内清洁无异物。 2. 铁芯无磕碰损伤。 3. 铁芯通风孔通畅无异物。 4. 绝缘引水管、端部绕组、端部绕组紧固件无异物。 5. 定子铁心背部通风道有无异物。 6. 定子负面检查，检查是否存在划痕、碰撞痕迹。 7. 转子匝间短路检测装置能否动到90° 位置，穿转子前应做好保护措施。 8. 定子外部插线板的每个测温元件接头有无损伤、弯曲、断裂。 9. 总进出水管入口纹波管法兰上下的密封垫片、绝缘垫片及绝缘胶木板是否安装，垫片是否翻边；法兰面有无损伤。 10. 进入定子膛的人员不得带有金属物件，需穿软底胶鞋，必须带入定子膛的物件，应清点、查数，防止遗失

续表

序号	项目	内容	等级	要求
1	定子本体跟踪	定子现场保管	一般	1. 开箱后应检查设备有无缺陷及锈蚀，还应测量其绝缘，并做好记录。 2. 属于短期维护保管的，可在恢复原包装后保管。属长期维护保管的，应定期检查、记录。 3. 发现铁芯锈蚀，应通知制造商处理。绕组上的绝缘漆如有脱落应按供货商（制造商）涂漆质量标准补涂。金属部件的表面应按本规定进行防锈处理，并保持合格。 4. 保存期间，定子端部应放置适量的硅胶袋，并定期检查更换
2	转子本体跟踪	开箱检查	重要	1. 冲撞记录仪检查，应符合标准（小于 3*g*）。 2. 设备开箱时应检查设备供货清单及设备装箱单。 3. 转子开箱后需要立即做相关转子电气试验：直阻测量（不用专用设备）、交流阻抗测量及机械尺寸检查。 4. 转子开箱后做好相关防潮、防尘、防止受到撞击、重压等防护措施，避免绕组受潮、风道水路堵塞
		外观检查	重要	1. 检查箱体内部防护包装是否良好。 2. 清理之前转子轴颈、风叶、本体是否存在磕碰伤、锈蚀、麻坑、机械损伤等。 3. 转子大齿是否处于垂直方向。 4. 转子表面黑色醇酸磁漆是否脱落。 5. 包装纸是否粘结转子表面。 6. 转子励磁端轴向导电螺杆的镀银面是否有磕碰伤。 7. 转子上的平衡螺钉是否锁紧（如有）；转子两端进风口、冷却水入口有无异物堵塞，护环端部绕组之间有无异物（如有）；本体槽楔下的进出风孔无堵塞以及槽楔下的铜排无错位（如有）；本体两端护环的通风孔槽无异物堵塞（如有）。 8. 叶片的安装角是否正确。 9. 转子槽楔有无异常松动。 10. 转子风扇座处的梯形平衡块、中心环处的平衡螺钉是否保险
		转子现场保管	一般	1. 开箱后应用干燥的压缩空气吹去转子表面及通风孔内的灰尘、杂物并测量绝缘（现场应采用滤网，保证空气源干净，施工时避免吹入灰尘、积累灰尘造成匝间短路）。 2. 临时短期保管的，可在恢复原包装后保管。属长期维护保管的，应定期检查、记录，发现转子本体、套箍、风扇等表面漆层剥落时，应补涂。 3. 转子本体用棉布包好；滑环表面的防锈油层应完整，并用多效防锈纸裹好，外包防潮纸，然后入库。 4. 单独存放的转子应架起保管，用经防腐处理的枕木支承在本体大齿下部（小齿部位及槽楔出不能支承），不允许支承在套箍上，也不宜支承在轴颈工作面上（若支承在轴颈上，支承应与轴颈吻合，并应按照制造商的规定定期盘转，防止变形）。支垫与转子之间应垫以铝箔，锌箔或铅板等隔潮材料
3	机座及附件跟踪	机座检查	一般	1. 包装良好。 2. 检查确认型号、规格正确，无损伤
		机壳检查	一般	1. 包装良好。 2. 核对铭牌与技术协议要求是否一致，抄录本体及附件铭牌参数并拍照片，编制设备清册。 3. 检查确认型号、规格正确，无损伤
		出线盒检查	一般	1. 6 根主引线是否完好。 2. 结合面是否完好、是否存在磕碰伤

续表

序号	项目	内容	等级	要求
3	机座及附件跟踪	电流互感器	一般	1. 电流互感器需要按照设计院设计型号配对，并清点出多余的电流互感器，确认其型号数量是否符合备件型号数量。 2. 确认互感器自带资料的交接，并在箱单上注明。 3. 清点软连接材料是否齐全且物料有效可用。 4. 联结螺栓由主机厂提供，或是分包厂家提供，数量合格、无锈蚀，专用
		轴承	一般	1. 轴瓦开箱时注意零配件是否完整。 2. 防锈油是否有效完整。 3. 开箱后，应注意防护，包括轴瓦钨金面、轴承座外圆接触面及各油孔应进行防护
		在线监测装置检查	重要	1. 传感器、表计等在线监测装置应包装完好，放置在干燥的室内。 2. 生产厂家应提供完整的试验报告和说明书
		集电环检查	重要	1. 刷架是否有挤压变形等异状，刷架装配的镀银面是否明显损伤。 2. 集电环风扇是否变形。 3. 各测量引线是否连接正常。 4. 进出风测温元件是否完好。 5. 底板上各螺栓孔是否漏钻。 6. 引线出线罩板的螺栓是否随底板发运。 7. 底板是否锈蚀、是否平整。 8. 集电环表面光洁度是否达到要求、有无损伤、有无锈蚀。 9. 引线绝缘是否完好，有无起皮、鼓包、受潮等。 10. 检查外置滤网是否损坏、变形、锈蚀，外罩是否磕碰，门是否正常开关，门是否有密封胶条等
		盘车装置	重要	1. 包装良好，无损伤。 2. 检查确认型号、规格正确
		进、出水装置	重要	1. 进、出水支座外观是否完好，有无锈蚀。 2. 密封圈、连接管、固定螺栓、法兰、盘根、黄铜环、聚四氟乙烯环是否完好
		附件现场保管	重要	1. 基础台板除锈后存放在棚库内，放置应平稳。 2. 冷却器管道内的灰尘与潮气应清除，并做好标记，记录后，两端用堵板封闭后存放。属长期（半年）维护保管的，管内应放干燥剂或缓蚀剂存放在封闭库内。 3. 属于长期维护保管的引出线套管应存放在封闭库内，引出线连接板用多效防锈纸裹好，外包防潮纸后放在封闭库内。 4. 属长期维护保管的绝缘部分、刷架、刷握、弹簧及碳刷等，应用多效防锈纸裹好，外包防潮纸。 5. 端盖、出水支座、进水支座、轴承、轴承密封装置需要进行防护，防止发生磕碰、生锈。 6. 确保碳刷为原厂提供
		专用工器具检查	一般	专业工器具齐备，能正常使用，储存、保管良
		备品备件检查	一般	检查是否有相关备品备件，型号及数量是否相符，做好相应记录
		文件资料检查	一般	采购技术协议或技术规范书、出厂试验报告、交接试验报告、运输记录、安装时器身检查记录、安装质量检验及评定报告、设备监造报告、设备评价报告、竣工图纸、设备使用说明书，合格证书、安装使用说明书等资料应齐全，扫描并存档

1.1.2 安装监督

序号	项目	内容	等级	要求
1	调相机本体基础	基础	重要	**一、基础交付安装应具备下列条件：** 1. 基础各项几何尺寸、预留孔洞、预埋件应符合设计要求。 2. 基础混凝土强度应达到设计强度的 70%以上。 3. 沉降观测应符合规定。 4. 房屋面应止水。 5. 基础栏杆、通道、孔洞等安全设施应齐全。 6. 表面平整，无裂纹、无孔洞、无蜂窝、无麻面、无露筋等缺陷。 7. 风室和风道的抹面应平整、光滑，无脱皮、无掉粉；内部的金属平台、爬梯等应做防腐处理。 8. 基础孔洞的纵向中心线应与同步调相机基座的横向中心线垂直。 9. 基础尺寸不应限制机组上、下部件连接及膨胀。 10. 设备基础的混凝土承力面与设计值偏差宜为 –10~0mm。 11. 风道混凝土顶部标高与设计值允许偏差为 10mm。 12. 地脚螺栓孔内应清理干净，螺栓孔中心线与基础中心线允许偏差为 10mm，螺栓孔壁的垂直允许偏差值为 10mm，孔内应畅通，无横筋、无杂物；螺栓孔与地脚螺栓垫板接触的混凝土平面应平整。 13. 直埋式预埋地脚螺栓及预埋件的材质、型号、纵横中心线和标高应符合设计要求，螺栓及预埋件中心允许偏差为 2mm，预埋件标高允许偏差为 3mm, 地脚螺栓顶部标高与设计值的允许偏差为 5~10mm。 14. 建筑结构尺寸应符合设计要求。 15. 调相机引出线、通风道、油管道、水冷穿管预留孔的尺寸和相对位置应符合设计要求。 16. 基础与运转平台间隔震缝的杂物应清除干净。 17. 管沟底部应平整，坡向、坡度、中心线、沟底标高、沟道断面几何尺寸应符合设计要求。 **二、本体基础沉降观测应在以下阶段进行：** 1. 基础养护期满后，应首次测定沉降情况并作为原始数据。 2. 调相机定子就位前、后。 3. 调相机二次灌浆前。 4. 整套试运行前、后。 5. 湿陷性黄土地质结构可增加沉降测量次数。 6. 因基础沉降导致机组找平、找正、找中心的隔日测量数据有不规则的明显变化时，不得继续进行设备安装。 **三、调相机风室和混凝土风道在交付安装时，应满足下列规定：** 1. 风室内壁和混凝土风道内外壁的抹面应平整、光滑，无脱皮、无掉粉。 2. 风室地面应有排水坡度。 3. 冷、热风室之间，风室与外界之间应有隔离措施。 4. 风室的窥视孔和铁门应严密。 5. 混凝土风道不得妨碍定子就位；风道与定子排风口连接处尺寸应匹配。 6. 各预留孔洞的位置及尺寸应与设计图纸相符

续表

序号	项目	内容	等级	要求
1	调相机本体基础	垫铁	重要	**一、垫铁的布置位置和荷载除应符合制造厂技术文件的要求外，尚应符合下列规定：** 1. 应布置在负荷集中的部位。 2. 应布置在台板地脚螺栓的两侧。 3. 应布置在台板四角。 4. 相邻垫铁间的水平距离宜为 300~700mm。 5. 台板加强筋部位应适当增设垫铁。 6. 垫铁的静负荷不应超过 4MPa。 7. 垫铁安装完毕，应按实际情况绘制垫铁布置图。 **二、台板就位前，应完成下列工作：** 1. 按照设备实物核对基础的主要尺寸，应能满足安装要求。 2. 基础混凝土应去除表面浮浆层，并凿出毛面，被油污染的混凝土应凿除。 3. 安放垫铁处的基础表面应凿出新的毛面并露出混凝土骨料，垫铁与基础应接触密实，四角无翘动。 4. 安放临时垫铁或调整用千斤顶的部位应平整。 **三、基础与台板间垫铁的形式、材质应符合下列规定：** 1. 垫铁应采用钢板、钢锻件、铸钢件、铸铁件加工，如按制造厂要求，可以使用特制的混凝土砂浆垫块。 2. 斜垫铁的薄边厚度不得小于 10mm，斜度为 1/10~1/25。 3. 垫铁应平整、无毛刺，平面四周边缘应有 45° 倒角，平面加工后的表面粗糙度值不高于 6.3。 **四、垫铁安装应符合下列规定：** 1. 每叠垫铁不宜超过3块，特殊情况下不得超过5块，其中只允许有一对斜垫铁。 2. 两块斜垫铁错开的面积不应超过该垫铁面积的 25%。 3. 台板与垫铁及各层垫铁之间应接触密实，用 0.05mm 塞尺检查，可塞入长度不得大于边长的 1/4，塞入深度不得超过侧边长的 1/4。 4. 埋置垫铁的安装见图 1-1，并应符合下列规定： （1）沿纵轴线埋置垫铁的标高应符合制造厂技术文件的要求，标高允许偏差为 2mm。 （2）垫铁的厚度宜大于 20mm。 （3）垫铁底部距基础凿毛面的灌浆层厚度应在 20~50mm 之间，灌浆材料应采用无收缩灌浆料，并应制作同等条件下的试块。 5. 垫铁安装完毕、基础二次灌浆前，各层垫铁侧面接合处应点焊牢固。 6. 采用调整螺栓和支撑垫板安装的机组，支撑垫板位置应正确 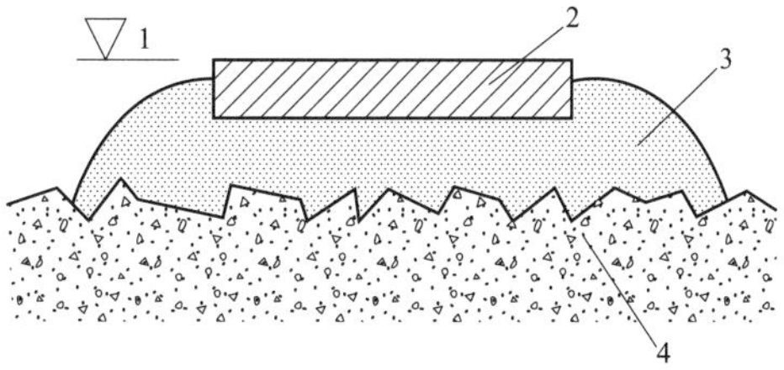 **图 1-1　埋置垫铁示意图** 1—设定；2—预埋垫；3—无收缩灌；4—基础凿

续表

序号	项目	内容	等级	要求
1	调相机本体基础	地脚螺栓和台板	重要	**一、地脚螺栓应符合下列规定：** 1. 无锈蚀、无油垢。 2. 螺母与螺栓应配合良好。 3. 地脚螺栓的长度、直径应符合设计要求，其垫圈、垫板中心孔等尺寸应符合要求。 **二、地脚螺栓的安装应符合下列规定：** 1. 螺栓与螺栓孔或螺栓套管内四周间隙应大于 5mm。 2. 螺栓垂直允许偏差为 5mm。 3. 螺栓下端的垫板应平整，与基础接触应密实，螺母应锁紧并点焊牢固；螺栓最终紧固后应有防松脱措施。 4. 拧紧后螺栓上部末端宜露出螺母 2~3 个螺距，下部末端丝扣应露出螺母。 5. 地脚螺栓应在调相机最终定位后正式紧固，用 0.05mm 塞尺检查台板与轴承座、调相机间的滑动面，各层垫铁间的接触面。 **三、台板的检查与安装应符合下列规定：** 1. 台板安装位置与标高应符合设计要求，如无设计要求，应符合下列规定： （1）螺栓孔中心线的允许偏差为 2mm。 （2）标高允许偏差为 1mm。 2. 台板与轴承座、滑块等部位接触面应严密，用 0.05mm 塞尺检查接触面四周，应无间隙。铸铁台板与轴承座进行接触面检查时，每平方厘米有接触点的面积应占全面积的 75% 以上且均匀分布。 3. 台板与地脚螺栓垫圈的接触面应密实。 4. 混凝土二次灌浆时无法设置模板的部位，台板就位前应在基础内侧装好薄钢挡板，挡板不得影响有关管道的膨胀。 5. 浇灌混凝土的孔洞、放气孔、台板与轴承座接触面间的润滑注油孔应畅通。 6. 台板上如有可能漏油至混凝土表面的孔洞应予堵塞，堵塞件不得阻碍轴承座的膨胀。 7. 滑动面应平整、光洁、无毛刺，台板与二次灌浆混凝土结合部位应无油漆、无污垢
2	定子安装	安装前检查	重要	**一、调相机定子安装应符合下列规定：** 1. 调相机定子安装前应配合电气人员进行外观检查无损伤，无损伤和异物，定子安装区域应做好隔离措施，无关人员不得进入。 2. 进入定子内部工作的人员，应穿无纽扣、无口袋的工作服和不带钉子的软底工作鞋，带入的物品在工作完毕后应清点核对无误。 3. 存放时，应采取临时封闭措施，防止灰尘及其他杂物进入内部。 **二、定子与台板之间的垫片，应满足以下规定：** 1. 垫片在联系螺栓处应开豁口，以利装取、调整。 2. 定子与台板、轴承座与台板间的各叠钢质调整垫片应符合厂家技术要求
		安装过程监督	重要	**一、调相机定子的起吊就位工作应符合下列规定：** 1. 定子起吊就位前应有经过批准的技术方案和安全措施。 2. 定子吊装区域应采取隔离措施避免无关人员进入。 3. 钢丝绳应绑扎在定子外壳专用吊耳上。吊耳的固定螺栓应齐全并紧固；未经批准，不得随意选择定子外壳上的其他部位绑扎钢丝绳起吊定子。 4. 与起吊有关的建筑结构、起重机械、辅助起吊设施等强度必须经过核算，并应做性能试验，以满足起吊要求。 5. 定子台板就位后其纵、横中心线，标高与设计值的允许偏差应为 1.0mm。 6. 空冷和双水内冷调相机定子起吊前，混凝土基础的风道和金属风道应清理干净。 7. 起吊时应监视起重设备和建筑结构无异常，定子应始终保持水平。

续表

序号	项目	内容	等级	要求
2	定子安装	安装过程监督	重要	**二、调相机定子安装应符合下列规定：** 1. 调相机外壳机座与台板之间预置调整垫片，调整中心高至图纸要求。 2. 调整调相机水平及中心前，可在定子吊点位置安装临时千斤顶配合起重螺栓进行调整。起重螺栓的垫块与台板上相应的沉孔底面应留有足够的间隙，使调相机标高调整时台板能随机座上下移动。 3. 定子最终位置确定后，进行台板与基础间的二次灌浆。 4. 二次灌浆混凝土的配比与工艺应严格按制造厂要求进行，确保台板不得移动。 5. 二次灌浆后，复测调相机中心变化并进行调整。 6. 如需要调整，用千斤顶重新顶起定子，调整左右两侧机座与台板间的垫片，垫片的长度要符合制造厂的尺寸要求，沿轴线纵向应形成阶梯形布置，左右垫片数值应对称相等；定子轴向与中心位置应保持不变。 7. 配制地脚螺栓的外套筒，如图 1-2 所示，地脚螺栓拧紧到制造厂要求的扭矩 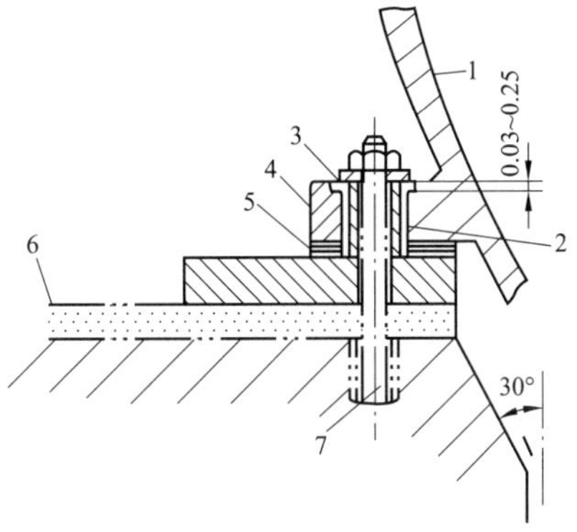 **图 1-2　地脚螺栓示意图** 1—定子外壳；2—外套筒；3—螺母垫片；4—机座； 5—梯形垫片；6—二次灌浆；7—地脚螺栓
		安装阶段性检查试验	重要	**打开运输盖板，进行以下项检查：** 1. 测量记录调相机定子绕组的绝缘电阻，直流电阻，极化指数，测温元件，铁芯穿心螺杆绝缘电阻。 2. 检查调相机定子铁芯、端部绕组、底盖、铁心外圆表面的清洁度。 3. 端部外观检查：检查记录端部绕组、绝缘部件表面有无缺陷（漆皮脱落、表面损伤）。 4. 铁芯外观检查:确认干燥剂移出调相机外,检查记录铁芯膛内质量（硅钢片、铁芯风道板、槽偰），确保无异物。 5. 绝缘引水管检查：拆调相机外端盖、内端盖（导风圈），检查记录盘车端、励端绝缘引水管表面有无缺陷（划痕、变形），绝缘水管不得有弯瘪现象。 6. 总进、出水管检查：总进、出水管对地绝缘检查（500V 绝缘电阻表测量，绝缘电阻要求大于 2MΩ）；检查调相机进、出水管道法兰盖板（胶木盖板）是否有效密封保护水路管道进、出口，防止异物进入水路系统。检查总汇水管排气管塞头是否漏装。 7. 进行定子水路密封性试验。 8. 端盖检查:检查内端盖、外端盖、导风圈、盖等部件有无缺陷（磕碰、缺件）。 9. 调相机检漏印刷板检查：用万用表测量印刷板上电极各个表面，对同一极其电阻应接近于 0，否则应清理印刷版表面。 10. 定子绕组的槽号要与测温元件的编号一一对应

续表

序号	项目	内容	等级	要求
3	轴承安装	安装前检查	重要	**支持轴承安装前应进行检查并符合以下规定：** 1. 轴承各部件应做好钢印标记，以保证部套位置、配合、方向等组装正确。 2. 用着色法检查巴氏合金承力面，应无夹渣、无气孔、无凹坑、无裂纹等缺陷，如有必要时用超声波检查。 3. 检查楔形油隙和油囊应符合制造厂图纸要求。 4. 轴承水平结合面接触应良好，用0.05mm塞尺检查无间隙。瓦座与轴承体接触应紧密。垫块进油孔四周与洼窝应有整圈接触。 5. 轴瓦球面与球面座的结合面应光滑，其接触面在每平方厘米上有接触点的面积应占整个球面的75%以上且均匀分布，接口处用0.03mm塞尺检查应无间隙，球面与球面座接触不良时，应进行处理。组合后的球面瓦和球面座的水平结合面不应错口。 6. 轴瓦的进油孔应清洁通畅，并应与轴承座上的供油孔对正。进油孔带有节流孔板时，节流孔直径应符合图纸要求，并作记录。孔板的厚度不得妨碍垫块与洼窝的紧密接触。 7. 埋入轴瓦的热工测点位置应符合图纸要求，且接线牢靠。 8. 推力轴承检查应符合厂家技术要求。 9. 检查轴承测温元件的绝缘合格，制造厂如无要求时，用250V绝缘电阻表测量，绝缘电阻值应大于1MΩ
		安装过程监督	重要	**轴承座检查应符合下列规定：** 1. 轴承座应无裂纹、无夹渣、无铸砂、无重皮、无气孔等缺陷。 2. 油室经24h的渗油试验应无渗漏。 3. 调相机轴承座，应有绝缘垫板，其配制和安装应符合厂家规定。 4. 施工过程中应保持绝缘板外露部分的清洁和干燥，保证绝缘良好，可使用防水胶带将外露部分及接缝贴封。 5. 油管等连接后，轴承座对地绝缘电阻值应符合制造厂要求，制造厂无要求时，用1000V绝缘电阻表测量，绝缘电阻应大于0.5MΩ。 6. 轴承部件与转轴之间间隙应符合厂家设计要求。 7. 轴承安装前应检查油路，确保油路清洁无异物。 8. 阀块安装前进行单独油冲洗，确保清洁度符合厂家要求；轴瓦安装后，进行油冲洗并检查
		安装阶段性检查试验	重要	测量调相机定子、轴承座轴向位置，应符合图纸各处设计尺寸要求。轴承座绝缘用防水胶带保护，防止绝缘受潮或者带电灰尘进入绝缘结构降低绝缘性能。轴承座对地绝缘电阻应满足： （1）轴承座安装后，测量对地绝缘电阻。1000V绝缘电阻表测量应不低于1MΩ。 （2）安装进、出油管后，1000V绝缘电阻表测量应不低于0.5MΩ。厂家有要求，依照厂家标准
4	转子安装	安装前检查	重要	**一、调相机转子安装前应符合下列规定：** 1. 需要进行转子绕组绝缘电阻测量、转子绕组交流耐压试验、转子绕组直流电阻测量、交流阻抗测量。测量结果应符合厂家要求。 2. 调相机转子拆箱应在厂房内进行，拆箱后的转子应放在制造厂提供的专用支座上。 3. 转子起吊时，护环、轴颈、风扇、集电环等不得作为着力点。 4. 轴承轴颈、集电环和通风孔等处应采取防尘、防撞击措施，转子应密闭保护。 5. 配合电气人员检查，确认转子零部件、转子槽楔应无松动，通风道内应清洁畅通。 6. 平衡重块应牢靠固定并锁紧；转子上的螺母应紧固并有防松装置；套箍外观检查应无裂纹、无位移。 7. 轴颈应光洁无油垢、无油漆、无锈蚀、无麻坑、无机械损伤，轴颈的椭圆度和不柱度应小于0.03mm。

续表

序号	项目	内容	等级	要求
4	转子安装	安装前检查	重要	8. 轴流式风扇叶片的检查与安装应符合下列要求： （1）叶片表面应光洁，无裂纹、无毛刺、无机械损伤。 （2）在现场组装的叶片，其位置、角度、旋转方向应符合制造厂的编号标记和图纸要求。 （3）叶片安装紧固时，应使用力矩扳手以保证紧力均匀并应锁紧，紧固力矩应符合制造厂要求并作记录。 （4）现场安装的或制造厂已装好的叶片，应用铜棒敲击进行听音检查，出现哑音时，应查明原因并处理。 （5）各叶片与风扇罩的最小径向间隙应符合制造厂要求，制造厂无要求时，宜为 1.5~2.0mm。 （6）风扇安装完毕，用 1000V 绝缘电阻表测量转子对地绝缘电阻值，用 1000V 绝缘电阻表测量，绝缘电阻应大于 0.5MΩ。 **二、双水内冷调相机转子安装前，转子水路应符合下列规定：** 1. 转子进水口堵板应密封良好，各出水孔丝堵应齐全并拧紧，如脱落或临时拆卸时，应确认孔内无杂物后再复装。 2. 转子应单独进行水压或气压试验，试验工作应符合以下规定： （1）水压试验前应测量绕组的绝缘电阻值，并应与制造厂的试验数值比较。 （2）水压介质应采用合格的除盐水，充水时应加装密度不低于 80×80 孔 / cm^2、200 目的临时滤网。 （3）升压前应将通水回路的空气排净。 （4）升压过程应缓慢，当压力发生突降或停滞不升时应停止升压，查明原因。 （5）试验后应将内部存水用干净的仪表空气吹净。 （6）水压试验后检查绕组绝缘应无变化，以确定绕组内部未受潮。 （7）试验压力应符合制造厂要求，压力 9MPa，维持 8h 无渗漏，表压下降小于 5%，并应确认每个绕组流出的水量接近，内部无堵塞。 （8）如进行气密试验，要求试验压力 0.7MPa，试验时间 24h 泄漏压降小于 1%P_1，P_1 为起始压力。24h 漏气率小于 1%
		安装过程监督	重要	调相机穿转子工作应按制造厂推荐的方法并使用制造厂提供的专用工具进行；施工前应编制方案并经批准。 **调相机穿转子应遵守下列规定：** 1. 转子上的套箍、风扇、滑环、轴颈、风挡、油挡、引出线等处，均不得作为起吊和支撑的施力点，安装过程中不得碰撞；转子的吊装需按照厂家指定位置作为起吊点。 2. 钢丝绳绑扎不得损伤转子表面，应用软性材料缠裹钢丝绳或用柔性吊索吊装。 3. 吊索在转子上应绑扎牢固，吊索应缠绕转子并锁紧；并在转子表面垫以硬木板条或铝板。 4. 在起吊和用转子本体支撑本身重量时，应使大齿在垂直方向，使所垫的板条分布在槽楔之间的小齿上，不使槽楔受力。 5. 穿转子前应认真检查并确认前轴承洼窝、出水支座洼窝等与定子同心，转子盘车齿轮所要通过的全部洼窝内径应大于盘车齿轮外径，以保证转子能顺利通过。 6. 当后轴承座悬挂于转子上同时就位时，轴颈和上轴瓦间应垫软质垫料，使之有一定的紧力，防止轴承座窜动。 7. 采用滑块或小车等专用工具穿转子时，弧形钢板下应垫以整张软质垫片，避免在抽出弧形钢板时损伤铁芯；在整个穿转子过程中，定子两端绕组应安放胶垫保护。 8. 起吊转子时应保持水平，穿转子时应缓慢、平稳，防止转子摆动；转子和钢丝绳均不得擦伤定子所有部件和绝缘。 9. 穿转子过程中，如需临时支撑转子以倒换吊索时，转子必须可靠支撑。 10. 调相机的穿转子工作，从开始起吊直至装好端盖的所有工作应连续完成，不得中止。 11. 调相机定子与转子轴径向位置调整合格并记录。具体要求按照厂家要求执行

续表

序号	项目	内容	等级	要求
5	附件安装	调相机端盖安装	重要	**一、调相机内端盖的安装应符合下列规定：** 1. 调相机内端盖与机座结合面应吻合，安装方向应正确。 2. 各结合面应配好销钉，螺栓应拧紧并应有锁紧装置。 3. 空冷、双水内冷调相机端盖风挡径向单侧间隙应符合制造厂要求，制造厂无要求时，宜为 0.50~0.80mm。 4. 按照厂家标记，正确区分出线端和非出线端的部件，并正确安装。 **二、调相机端盖最终封闭应符合下列规定：** 1. 端盖封闭前必须检查调相机定子内部清洁无杂物，各部件完好；各配合间隙符合制造厂技术文件的要求；电气和热工的检查试验项目已完成并办理检查签证。 2. 端盖法兰平面应清理完毕并符合轴流式风扇叶片的检查与安装的规定。 3. 当采用橡胶条密封时，橡胶条断面尺寸的选取应符合制造厂要求，并有足够弹性；搭接处工艺应符合制造厂要求。 4. 空冷、双水内冷调相机端盖与台板、端盖与机壳间的结合面如垫有纸板等垫料时，垫料应平整、无间断、无皱折，并应确保结合面严密不漏。 5. 小端盖上密封压力风道应畅通并与大端盖上的压力风口对准
		集电环安装	重要	1. 集电环、碳刷盒与励磁装置转子的轴径向间隙安装后符合制造厂要求。 2. 检查刷架各部件清洁度、镀银面损伤情况。 3. 导风圈和集电环风扇间隙、刷握底部与集电环外圆间隙等厂家要求的间隙符合要求。 4. 刷架对地绝缘电阻测量结果应符合厂家说明书的要求
		盘车装置安装	重要	1. 大齿轮安装时，固定大齿轮的螺钉应把和紧固。 2. 惰轮与轴系大齿轮之间应作侧隙检查。 3. 齿轮做接触检查。 4. 固定轴承的螺钉应牢固不松动
		进出水支座	重要	**一、水内冷转子进水支座的检查与安装应符合下列规定：** 1. 进水支座底板应平整无毛刺，和台板接触应密实，连接螺栓应均匀紧固。 2. 进水短管法兰紧固后，短管的端部径向晃度值宜小于 0.05mm，进水短管表面应光洁、无损伤。 3. 进水套安装时应与进水短管保持同心，进水套位置按照厂家说明书调整。 4. 进水套填料函内填装的盘根不应含有金属丝，截面尺寸符合制造厂要求；填装时保证清洁，水封环前后盘根的搭接口工艺和圈数应正确，盘根压紧后水封环与进水孔应对正，并应无杂物。 5. 水封环和进水短管应同心，径向间隙符合制造厂要求，运转时不应产生摩擦。 6. 冷却水管与进水套的法兰不得强行连接，防止进水套中心偏移。 7. 进水套进水法兰应加聚四氟乙烯垫，连接螺栓和螺母应有绝缘套管和绝缘垫圈，填料函进水小管应绝缘。 8. 进水支座和台板之间应按图纸垫以调整垫片和绝缘垫片，安装完毕，进水管和台板的绝缘电阻值应符合用 1000V 绝缘电阻表测量，绝缘电阻应大于 0.5MΩ。 9. 调整进水支座与转子进水管之间的径向间隙符合图纸要求并记录。 **二、水内冷转子出水支座的检查与安装，应符合下列规定：** 1. 转子出水支座内部应清洁无铸砂和杂物，内外表面无气孔和裂纹；进行灌水试验时，座体和窥视孔应无渗漏。 2. 出水支座和台板之间接触应密实，在支座和台板之间加装调整垫片。 3. 出水支座的水平结合面应平整，安装时应加聚四氟乙烯垫。 4. 检查挡水盖与转轴间隙符合图纸要求；检查挡水盖与转子回水槽轴向位置，调整出水支座轴向位置符合图纸要求

续表

序号	项目	内容	等级	要求
5	附件安装	外罩安装	一般	外罩安装区域应封闭管理，无关人员不得进入。工作人员应穿无扣连体工作服。工具应由专人登记保管，合罩前应清点核实，携带至罩内的工具应有防落措施
		提交技术文件	一般	**一、调相机设备安装完毕质量验收时，应提交下列施工技术记录：** 1. 基础及预埋件验收记录。 2. 台板安装记录。 3. 转子检查记录。 4. 调相机轴瓦各部间隙测量记录。 5. 各隔绝轴电流部位的绝缘电阻值记录。 6. 空气间隙及磁力中心记录。 7. 调相机风扇间隙测量记录。 8. 油挡安装记录。 9. 集电环转子检查记录。 10. 集电环安装间隙测量记录。 11. 调相机转子轴向、径向位置调整记录。 12. 集电环风扇、风挡及油挡间隙测量记录。 13. 励磁装置刷架联轴器找中心记录。 14. 刷架及稳定轴承装配记录。 15. 手包绝缘电位外移试验记录。 **二、调相机设备安装完毕质量验收时，应提交下列隐蔽签证：** 1. 转子严密性试验签证。 2. 定子严密性试验签证。 3. 转子通风孔检查签证书。 4. 穿转子前检查签证。 5. 端盖安装封闭签证。 6. 调相机内冷却水系统冲洗签证。 7. 空冷器严密性试验签证。 8. 冷却水箱清扫及封闭签证。 9. 调相机整套风压试验签证。 10. 油冲洗合格记录。 11. 风室漏风、串风记录。 **三、调相机及励磁机设备安装完毕质量验收时，应提交由浇灌单位提供的基础二次浇灌混凝土试块强度试验报告**

1.1.3 调试监督

序号	项目	内容	等级	要求
1	定子绕组绝缘电阻和吸收比或极化指数测量		重要	1. 各相绝缘电阻的不平衡系数不应大于 2。 2. 吸收比：对环氧粉云母绝缘不应小于 1.6，极化指数不应小于 2.0。 3. 进行交流耐压试验前，电机绕组的绝缘应合格。 4. 测量水内冷调相机定子绕组绝缘电阻，应在消除剩水影响的情况下进行（适用于双水内冷机型）。 5. 调相机汇水管为非死接地，应分别测量绕组及汇水管绝缘电阻，绕组绝缘电阻测量时应采用屏蔽法消除水的影响。测量结果应符合制造厂的规定（适用于双水内冷机型）。 6. 交流耐压试验合格的电机，当其绝缘电阻折算至运行温度后（环氧粉云母绝缘的电机在常温下），不低于其额定电压 1MΩ/kV 时，可不经干燥投入运行。但在投运前不应再拆开端盖进行内部作业

续表

序号	项目	内容	等级	要求
2	定子绕组直流电阻测量		重要	1. 直流电阻应在冷状态下测量，测量时绕组表面温度与周围空气温度之差应在 ±3℃的范围内。 2. 各相或各分支绕组的直流电阻，在校正了由于引线长度不同而引起的误差后，相互间差别不应超过其最小值的 2%；与产品出厂时测得的数值换算至同温度下的数值比较，其相对变化也不应大于 2%。 3. 对于现场组装的对拼接头部位，应在紧固螺栓力矩后检查接触面的连接情况，并应在对品接头部位现场组装后测量定子绕组的直流电阻
3	定子绕组直流耐压试验和泄漏电流测量		重要	1. 试验电压为电机额定电压的 3 倍。 2. 试验电压按每级 0.5 倍额定电压分阶段升高，每阶段停留 1min，并记录泄漏电流；在规定的试验电压下，泄漏电流应符合下列规定： （1）各相泄漏电流的差别不应大于最小值的 100%，当最大泄漏电流在 20μA 以下，根据绝缘电阻值和交流耐压试验结果综合判断为良好时，各相间差值可不考虑。 （2）泄漏电流不应随时间延长而增大。 （3）泄漏电流随电压不成比例地显著增长时，应及时分析。 （4）当不符合本款第 1 项、第 2 项规定之一时，应找出原因，并将其消除
4	定子绕组交流耐压试验		重要	1. 定子绕组交流耐压试验电压：30000V。 2. 水内冷电机在通水情况下进行试验，水质应合格。 3. 当工频交流耐压试验设备不能满足要求时，可采用谐振耐压代替
5	转子绕组绝缘电阻测量		重要	1. 转子绕组的绝缘电阻值不宜低于 0.5MΩ。 2. 水内冷转子绕组使用 500V 及以下绝缘电阻表或其他仪器测量，绝缘电阻值不应低于 5000Ω。 3. 当调相机定子绕组绝缘电阻已符合启动要求，而转子绕组的绝缘电阻值不低于 2000Ω 时，可允许投入运行。 4. 在电机额定转速时超速试验前、后测量转子绕组的绝缘电阻。 5. 采用 2500V 绝缘电阻表测量绝缘电阻
6	转子直流电阻测量		重要	应在冷状态下进行，测量时绕组表面温度与周围空气温度之差应在 ±3℃ 的范围内。测量数值与产品出厂数值换算至同温度下的数值比较，其差值不应超过 2%
7	转子绕组交流耐压试验		重要	隐极式转子绕组可以不进行交流耐压试验，可采用 2500V 绝缘电阻表测量绝缘电阻来代替
8	调相机轴承及转子进水支座的绝缘电阻测量		重要	应在装好油管后，采用 1000V 绝缘电阻表测量，绝缘电阻值不应低于 0.5MΩ
9	测温元件测量		重要	1. 用 250V 绝缘电阻表测量检温计的绝缘电阻不小于 1MΩ。 2. 核对测温计指示值，应无异常
10	转子绕组的交流阻抗和功率损耗测量		重要	1. 应在定子膛外的静止状态下测量。 2. 试验时施加电压的峰值不应超过额定励磁电压值
11	调相机的励磁回路连同所连接设备的绝缘电阻		重要	1. 绝缘电阻值不应低于 0.5MΩ。 2. 测量绝缘电阻不应包括调相机转子和励磁机电枢。 3. 回路中有电子元器件设备的，试验时应将插件拔出或将其两端短接

续表

序号	项目	内容	等级	要求
12	调相机的励磁回路连同所连接设备的交流耐压试验		重要	1. 交接试验电压为 85% 出厂试验电压，但最小值不得低于 1200V 或用 2500V 绝缘电阻表测量绝缘电阻代替交流耐压试验。 2. 交流耐压试验不应包括调相机转子。 3. 回路中有电子元器件设备的，试验时应将插件拔出或将其两端短接
13	测量轴电压		重要	1. 应在带负荷后测定。 2. 调相机的轴承油膜被短路时，轴承与机座间的电压值，应接近转子两端轴上的电压值
14	定子绕组端部动态特性测试		重要	1. 调相机冷态下线棒、引线固有频率和端部整体椭圆固有频率避开范围： （1）刚性支撑：线棒固有频率不大于 95Hz，不小于 106Hz；引线固有频率不大于 95Hz，不小于 108Hz；整体椭圆固有频率不大于 95Hz，不小于 110Hz。 （2）柔性支撑：线棒固有频率不大于 95Hz，不小于 106Hz；引线固有频率不大于 95Hz，不小于 108Hz；整体椭圆固有频率不大于 95Hz，不小于 112Hz。 2. 符合现行 GB/T 20140《隐极同步发电机定子绕组端部动态特性和振动测量方法及评定》的规定
15	内冷水流量试验（双水内冷机型）		重要	1. 定子线棒：偏差不超过整台同层线棒内冷水流量平均值的 -15%，对超标者应在汽端对相关线棒内冷水流量进行检测，综合判断被测线棒内冷水流通状况。 2. 定子引线：偏差不超过整台引线内冷水流量平均值的 -15%。 3. 出线套管：偏差不超过整台套管内冷水流量平均值的 -15%。 4. 对上述流量超标的被检件，应与历史检测数据比较，进行综合判断和处理
16	铁芯损耗		重要	1. 磁密在 1T 下齿的最高温升不大于 25K，齿的最大温差不大于 15K，单位损耗不大于 1.3 倍参考值。在 1.4T 下自行规定。 2. 在磁密为 1T 下持续试验时间为 90min, 在磁密为 1.4T 下持续时间为 45min。 3. ELCID 测试方法是在 4% 励磁下其 QUAD 信号值不超过 100mA，并且其波形符合典型故障波形特性
17	定子绕组端部手包绝缘施加直流电压测量		重要	1. 现场进行调相机端部引线组装的，应在绝缘包扎材料干燥后施加直流电压测量。 2. 定子绕组施加直流电压值应为调相机额定电压 U_n。 3. 所测表面直流电位不应大于制造厂的规定值。 4. 厂家已对某些部位进行过试验且有试验记录者，可不进行该部位的试验
18	转子重复脉冲法（RSO）试验		重要	1. 两极的响应出现明显差值，则判断转子绕组存在匝间短路。 2. 在旋转状态下通过碳刷注入脉冲时，在波形起始段的起伏不应误判为存在匝间短路。 3. 诊断灵敏度与绕组距脉冲注入点的距离有关，距离越近灵敏度越高。 4. 重复脉冲法不应用于判别两极中点位置的匝间短路
19	盘车装置电机		重要	盘车装置电机交接试验要符合规程要求

1.2 封闭母线

1.2.1 到场监督

序号	项目	内容	等级	要求
1	设备进场监督	包装查验	重要	1. 核对铭牌与技术协议要求是否一致。 2. 核对装箱文件和附件。 3. 金属封闭母线出厂时应按设计妥善包装，固定良好，防止在运输中滑动和碰坏，包装箱上应有下列标记：①产品名称和型号；②合同号；③制造厂名称和地址；④收货单位和到站；⑤毛重和净重；⑥包装箱尺寸；⑦注意事项：小心轻放、防止潮湿、防止碰撞、不可倒置等
		外观检查	重要	1. 设备外形尺寸与设计一致、外观无运输导致的明显碰伤变形、无锈蚀掉漆、绝缘子无损伤碰瓷。 2. 附件型号规格与设备配套、数量齐全无误
		供货清单	一般	核对集装箱外设备编号与集装箱内设备是否相符。实际到场设备、清单设备与合同要求设备三者规格、型号及数量一致
		备品备件及工器具	一般	产品包装完整、无破损、潮湿、污染。包装上的产品名称、型号规格、数量与订货要求一致
		资料检查	一般	金属封闭母线出厂时，应随带下列文件：①产品合格证；②出厂试验报告；③安装图纸；④安装、运行、维护说明书；⑤装箱清单；⑥装箱单
2	现场保管监督	设备及附件现场保管	重要	1. 封闭母线运抵现场后若不能及时安装，应存放在干燥、通风、没有腐蚀性物质的场所，并应对存放、保管情况每月进行一次检查。 2. 对于散部件、标准件，特别是镀银件验收后，应立即运往专用保管库（最低要求放在棚内，防止腐蚀银表面），分类登记，按图样要求及施工进度发放零部件。防止因存放在露天仓库造成受潮、腐蚀、损坏及丢失。并应保持包装完好、分类清晰、标识明确。 3. 存储的油漆等化学物品应轻拿轻放，铝件和钢铁件应分开存放，否则铁锈影响铝件外观。母线外壳的油漆的作用是为了加强散热，内部涂黑色，外部涂浅色。铝材质软，容易产生碰伤，凹坑较大的情况下采用橡皮榔头等工具修复，厂家提供 20kg 的油漆，进行修补，母线和外壳不允许出现贯通性的伤痕。母线零件的进场时间应在主机安装之后完成，便于保证安装质量

1.2.2 安装监督

序号	项目	内容	等级	要求
1	设备安装监督	基础检查	一般	1. 基础、构架应达到允许安装的强度，构件焊接的质量应符合要求。 2. 土建基础、构架、预埋件、预留孔必须符合电气设备设计及安装的要求。 3. 土建施工设施应拆除，场地干净，设备进场道路通畅，应有足够的施工用地。 4. 现场施工配电设施应安装完毕

续表

序号	项目	内容	等级	要求
1	设备安装监督	钢结构架检查	重要	1. 母线支持钢结构应预先在母线安装前焊接到母线土建的钢结构预埋件上，同时找好水平标高，以便母线安放。 2. 用水平仪测量发电机出线套管底部与主变压器低压侧套管顶部的标高，将测量结果与封母安装图纸进行核对，将误差有计划地均衡在安装中。母线与主机有橡胶套联结，在 20~30mm 的误差范围内可调，误差较大时重量。 3. 依据标高制作焊接的好室外支撑钢横梁，作好分支封母接口处的支撑架，在封母支撑钢横梁上划分出每相的中心线，并安装好每相各段封母的支撑包箍，抱箍与横梁之间采用螺接连接
		母线	重要	1. 母线配制及安装架设应符合设计要求，且连接应正确；螺栓应紧固，接触应可靠；相间及对地电气距离应符合规定。 2. 母线与外壳应同心，误差不得超过 5mm。 3. 段与段连接时，两相邻母线及外壳应对准，连接后不应使母线及外壳受到机械应力。 4. 外壳内及绝缘子清洁，外壳内不得有遗留物。 5. 橡胶伸缩套的连接头、穿墙处的连接法兰、外壳和底座之间、外壳各连接部位的螺栓应使用合适的力矩紧固，各接合面应封闭良好。 6. 外壳的相间短路板应位置正确，连接良好，相间支撑板应安装牢固，分段绝缘的外壳应做好绝缘措施。 7. 母线焊接应在封闭母线各段全部就位并调整误差合格后进行。 8. 绝缘子应完整无裂纹，胶合处填料应完整，结合应牢固。 9. 外壳封闭前，母线应进行清洁、验收、检查。 10. 金属封闭母线的外壳及支持结构的金属部分应可靠接地
		设备柜	重要	1. 柜体平整，表面干净无脱漆锈蚀。 2. 柜体柜门密封良好，接地可靠，观察窗完好，标志正确、完整。 3. 电气指示灯颜色符合设计要求，亮度满足要求。 4. 设备出厂铭牌齐全、参数正确。 5. 柜体垂直偏差：小于 1.5mm/m。 6. 柜体水平偏差：相邻柜顶小于 2mm，成列柜顶小于 2mm。 7. 柜面偏差：相邻柜边小于 1mm，成列柜面小于 1mm，开关柜柜间接缝小于 2mm。 8. 采用截面积不小于 240mm^2 的铜排可靠接地。 9. 柜体等电位接地线连接牢固。 10. 检查穿柜套管外观完好。 11. 穿柜套管固定牢固，紧固力矩符合厂家技术标准要求。 12. 穿柜套管内等电位线完好、固定牢固。 13. 检查穿柜套管表面光滑，端部尖角经过倒角处理。 14. 新、扩建柜体的接地母线，应有两处与接地网可靠连接。 15. 柜体二次接地排应用透明外套的铜接地线接入地网。 16. 额定电流 2500A 及以上金属封闭高压柜应装设带防护罩、风道布局合理的强排通风装置、进风口应有防尘网。风机启动值应按照厂家要求设置合理。 17. 二次接线准确、绑扎牢固、连接可靠、标志清晰、绝缘合格，备用线芯采用绝缘包扎。 18. 驱潮、加热装置安装完好，工作正常。 19. 柜内照明良好。 20. 端子排无异物接线正确布局美观，无异物附着，端子排及接线标志清晰。 21. 检查空气开关位置正确，接线美观，标志正确清晰。空气开关不得交、直流混用，保护范围应与其上、下级配合。 22. 柜内二次线应采用阻燃防护套

续表

序号	项目	内容	等级	要求
1	设备安装监督	电流互感器	重要	1. 检查电流互感器外观完好，试验合格。 2. 电流互感器安装固定牢固可靠，接地牢靠。 3. 一次接线端子清理、打磨，涂抹导电脂并与柜内引线连接牢固。 4. 电流互感器安装完毕后测量导体与柜体、相间绝缘距离满足要求。 5. 电流互感器二次接线正确，螺栓紧固可靠。 6. 相色标记明显清晰，不得脱落。 7. 电流互感器铭牌使用金属激光刻字，标示清晰，接线螺栓必须紧固，外绝缘良好，二次接线良好无开路。 8. 二次线束绑扎牢固。 9. 一次接头连接良好，紧固可靠
		电压互感器	重要	1. 相间距离满足绝缘距离要求。 2. 相色标记明显清晰，不得脱落。 3. 电压互感器铭牌使用金属激光刻字，标示清晰，接线螺栓必须紧固，外绝缘良好，二次接线良好无短路。 4. 电压互感器消谐装置外观完好、接线正确。 5. 电压互感器严禁与母线直接相连。 6. 一次接头连接良好，紧固可靠
		避雷器	重要	1. 无变形、避雷器爬裙完好无损、清洁，放电计数器校验正确，无进水受潮现象。 2. 相间距符合安全要求。 3. 计数器安装位置便于巡视检查。 4. 避雷器严禁与母线直接相连。 5. 避雷器一次接头连接良好，紧固可靠。 6. 避雷器接地应可靠
		操作	重要	1. 接地开关分合顺畅无卡涩，接地良好，二次位置切换正常。 2. TV 一次熔断器便于拆卸更换，熔断器应良好。 3. 二次插头接触可靠，闭锁把手能可靠保证插头接触不松动
		空气循环干燥装置	重要	1. 将干燥装置本体吊装就位，将底部框架与预埋件焊牢或用膨胀螺栓固定，还应将底部框架可靠接地。 2. 安装母线，配有截流孔板的，应将相应规格（不同位置对应不同的规格）的截流孔板装上。截流孔板安装时，一般是距干燥装置越远的三通连接管装孔眼更多的。如是母线改造加装干燥装置的，则需按图纸要求在母线外壳上开孔，并焊接连接法兰。安装后应将母线内的铝屑用吸尘器（用户自备）清除干净。 3. 按照图纸要求，结合现场实际情况，配接干燥装置的进、出气管道。进出气管法兰连接处应安装本厂提供的滤网。 4. 安装湿度探头，按图纸要求接好线。探头线应用金属软管保护。 5. 接好电源。对照图纸要求，用户负责将电源线接至干燥装置的控制箱端子排上，并负责接送电。 6. 根据现场安装情况补刷油漆。现场的油漆补刷工作由用户进行
		微正压装置安装	重要	1. 微正压装置柜与气源管道均应按设计图纸设置在室内，离用气设施（母线）较近的适当位置或室外专用小间，以减少气路阻力和泄漏点。 2. 柜外管路连接的所有元件均采用镀锌或黄铜加工件，柜外接头与母线连接的管路一端有一段用胶管等连接，以减振和绝缘保护本装置，胶管端用卡箍夹紧。 3. 管路必须符合密封要求，如存在漏点应进行密封处理

续表

序号	项目	内容	等级	要求
2	工程交接验收		一般	在验收时，应进行下列检查： 1. 金属构件加工、配制、螺栓连接、焊接等应符合本规范的规定，并应符合设计和产品技术文件的要求。 2. 所有螺栓、垫圈、闭口销、锁紧销、弹簧垫圈、锁紧螺母等应齐全、可靠。 3. 母线配制及安装架设应符合设计要求，且连接应正确；螺栓应紧固，接触应可靠；相间及对地电气距离应符合规定。 4. 瓷件应完整、清洁，铁件和瓷件胶合处均应完整无损。充油套管应无渗油，油位应正常。 5. 油漆应完好，相色应正确，接地应良好。 6. 在验收时，应提交下列资料和文件：①设计变更部分的实际施工图；②设计变更的证明文件；③制造厂提供的产品说明书、试验记录、合格证件、安装图纸等技术文件；④安装技术记录；⑤质量验收记录及签证；⑥电气试验记录；⑦备品备件清单

1.2.3 调试监督

序号	项目	内容	等级	要求
1	封母	耐压及封闭试验	重要	1. 绝缘电阻测量，相间及相对地绝缘电阻不应小于 50MΩ。 2. 额定 1min 工频干耐受电压试验，试验电压为工频耐压值的 75%。 3. 自然冷却的离相封闭母线，其户外部分应进行淋水试验，外壳内部不应有进水痕迹。 4. 微正压充气的离相封闭母线，应进行气密封试验。外壳内充以压力为 1500Pa 的压缩空气，同时用肥皂水检查外壳焊缝及外壳上的其他装配连接密封面，无明显的气泡时为合格
2	设备柜	耐压试验	重要	1. 主回路应进行 100% 额定工频交流耐压试验，二次回路应进行 2000V 工频耐压试验。 2. 主回路电阻试验，满足制造厂技术规范要求
3	电压互感器	耐压及性能试验	重要	1. 电压互感器的一次、二次绕组，各二次绕组间及对外壳的绝缘电阻不宜低于 1000MΩ。 2. 电压互感器绕组一次侧直流电阻值与出厂值误差不应大于 10%，二次侧不应大于 15%。 3. 电压互感器接线组别和极性应与设计一致，并应与铭牌和标志相符。 4. 电压互感器变比误差测量应符合设计要求。 5. 电压互感器励磁特性曲线测量值与设计参数的误差不应大于 30%。 6. 电压互感器交流耐压试验应按出厂试验电压的 80% 进行
4	电流互感器	耐压及性能试验	重要	1. 电流互感器的一次、二次绕组，各二次绕组间及对外壳的绝缘电阻不宜低于 1000MΩ。 2. 电流互感器绕组直流电阻一次、二次侧直流电阻值与出厂值误差不应大于 10%。 3. 电流互感器接线组别和极性应与设计一致，并应与铭牌和标志相符。 4. 电流互感器变比误差测量应符合设计要求。 5. 电流互感器交流耐压试验应按出厂试验电压的 80% 进行

续表

序号	项目	内容	等级	要求
5	避雷器	绝缘及泄漏电流试验	重要	1. 金属氧化物避雷器及底座绝缘电阻应符合设计要求。 2. 放电计数器及泄漏电流表应进行校验，符合设计要求。 3. 金属氧化物避雷器直流参考电压 0.75 倍 U1mA 下的泄漏电流应符合产品技术规范
6	中性点变压器	绝缘及泄漏电流试验	重要	1. 绕组绝缘电阻值不小于出厂试验值的 70% 或者 10000MΩ（20℃）。 2. 铁芯及夹件的绝缘电阻测量值不小于 1000MΩ。 3. 交流耐压试验为出厂试验电压的 80%

2

二次设备监督作业指导书

2.1 励磁系统

2.1.1 到场监督

序号	项目	内容	等级	要求
1	屏柜	屏柜外观检查	一般	屏柜外观应完整，颜色与订货相符，无外力损伤及变形痕迹，屏柜内无淋雨、受潮或凝水情况
		柜内设备检查	重要	1. 励磁调节装置、灭磁开关、灭磁电阻、风机、交流隔离开关、直流隔离开关、空气开关、继电器、同轴光缆、按钮、标签框、端子排、接地铜牌、门接地线等应完整良好，且与装箱清单以及设计图纸数目、型号相符。 2. 设备应有铭牌或相当于铭牌的标志，内容包括：①制造厂名称和商标；②设备型号和名称
2	功率整流器	外观检查	一般	1. 开箱检查时，核对型号、规格应符合设计要求。 2. 设备外观检查应无损伤、无腐蚀、无受潮
3	励磁变压器	外观检查	一般	1. 无损伤、脱漆、锈蚀情况。 2. 一次接线端子无开裂、无变形，表面镀层无破损。 3. 设备防水、防潮措施完好，设备无受潮现象
4	附件及专用工器具	备品备件	重要	1. 检查是否有相关备品备件，数量及型号是否相符，做好相应记录。 2. 将备品备件及专用工器具的相关资料移交给运行单位。资料应包括装箱清单、合格证、试验报告、技术资料以及图纸等
		专用工器具	重要	1. 记录随设备到场专用工器具，列出专用工器具清单，检查专用工器具是否齐备及能否正常使用，并妥善保管。 2. 如施工单位需借用相关工器具，须履行借用手续
		相关资料检查	重要	采购技术协议或技术规范书、出厂试验报告、运输记录、设备使用说明书，合格证书、安装使用说明书等资料应齐全，扫描并存档

2.1.2 安装监督

序号	项目	内容	等级	要求
1	屏柜安装就位	屏柜就位找正	重要	1. 基础型钢的安装应符合下列要求：① 基础型钢应按设计图纸或设备尺寸制作，其尺寸应与屏、柜相符，不直度和不平度允许偏差 1mm/m、5mm/ 全长，位置偏差及不平行允许偏差 5mm/ 全长：② 基础型钢安装后，其顶部宜高出最终地面 10~20mm。 2. 柜体垂直误差小于 1.5mm/m，相邻两柜顶部水平误差小于 2mm。成列柜顶部水平误差小于 5mm，相邻两柜面误差小于 1mm，成列柜面误差小于 5mm，相间接缝误差小于 2mm
		屏柜固定	一般	1. 盘、柜间及盘、柜上的设备与各构件间连接应牢固。 2. 屏、柜的漆层应完整、无损伤，颜色宜一致；固定电器的支架等应采取防锈蚀措施。 3. 端子箱安装应牢固、封闭良好，并应能防潮、防尘；安装位置应便于检查；成列安装时，应排列整齐。 4. 盘柜安装固定应按设计规定的要求进行固定。盘柜用螺栓固定时，应根据盘柜底座安装孔的尺寸在盘柜基础槽钢上钻孔，以便于将盘柜与基础连接固定，或者在基础槽钢稍偏位置焊螺栓，用压板将盘柜与基础连接。与基础固定螺栓应使用不少于 4 颗 M10 镀锌螺栓，相邻两盘间连接处应使用不少于 6 颗 M8 镀锌螺栓。如果用电焊固定，则单个柜焊缝不少于 4 处，焊缝应在盘柜内侧，每处 50mm 左右焊缝处应刷防锈漆。 5. 盘间所用的螺栓、垫圈、螺母等紧固件，紧固时应使用力矩扳手，应按照制造厂规定的力矩进行紧固。母排在无设备供货厂商规定时，M12 螺栓力矩（45 ± 8）N·m，M16 螺栓力矩（90 ± 15）N·m。 6. 应逐个均匀拧紧连接螺栓，螺栓连接紧固后用 0.05mm 的塞尺检查，其塞入深度不大于 4mm
		屏柜接地	重要	1. 基础型钢应有明显且不少于两点的可靠接地。 2. 成套柜的接地母线应与主接地网连接可靠。 3. 屏、柜等的金属框架和底座均应可靠接地，标识规范。可开启的门应采用截面积不小于 4mm^2 且端部压接有终端附件的多股软铜导线与接地的金属框架可靠接地。 4. 盘、柜柜体接地应牢固可靠，标识应明显。 5. 盘柜之间接地母排与接地网应连接良好。采用截面积不小于 50mm^2 的接地电线或铜编织线与接地扁铁可靠连接，连接点应镀锡。励磁调节柜应采用一点接地。单柜接地线截面积应不小于 25mm^2
		屏柜设备检查	一般	1. 盘、柜上的电器安装应符合下列规定： （1）电器元件质量应良好，型号、规格应符合设计要求，外观应完好，附件应齐全，排列应整齐，固定应牢固，密封应良好。 （2）电器单独拆、装、更换不应影响其他电器及导线束的固定。 （3）熔断器的规格、断路器的参数应符合设计及级配要求。 （4）压板应接触良好，相邻压板间应有足够的安全距离，切换时不应碰及相邻的压板。 （5）信号回路的声、光、电信号等应正确，工作应可靠。 （6）带有照明的盘、柜，照明应完好。 2. 盘柜漆层应完好、清洁整齐、标识规范

续表

序号	项目	内容	等级	要求
2	端子排	端子排外观检查	一般	1. 端子排应无损坏，固定应牢固，绝缘应良好。 2. 端子应有序号，端子排应便于更换且接线方便；端子排末端离屏、柜底面高度宜大于 350mm
		强弱电和正负电源端子排的布置	重要	1. 强、弱电端子应分开布置；当有困难时，应有明显标志，并应设空端子隔开或设置绝缘的隔板。 2. 正、负电源之间以及经常带电的正电源与合闸或跳闸回路之间，应以空端子隔开或设置绝缘的隔板
		电流、电压回路等特殊回路端子检查	重要	电流回路应经过试验端子，其他需断开的回路宜经特殊端子或试验端子；试验端子应接触良好
		端子与导线截面匹配	重要	1. 接线端子应与导线截面匹配，不应使用小端子配大截面导线。 2. 不同截面的导线不应接入同一端子。 3. $6mm^2$ 及以上导线不应并接
		端子排接线检查	一般	保护屏、柜端子排一个端子的每一端只准许接 1 根导线，其他屏、柜一个端子的每一端接线宜为 1 根，不应超过 2 根
3	二次电缆敷设	电缆截面积应合理	重要	1. 屏、柜内的配线应采用标称电压不低于 450V/750V 的铜芯绝缘导线，其他回路导线截面积不小于 $1.5mm^2$。 2. 二次电流回路导线截面积不小于 $2.5mm^2$。 3. 主机（装置）的直流电源、交流电流、电压及信号引入回路应采用屏蔽阻燃铠装电缆。 4. TA、TV 及跳闸回路的控制导线不应小于 $2.5mm^2$。 5. 一般控制回路截面积不应小于 $1.5mm^2$
		电缆敷设满足相关要求	重要	1. 强、弱电，交、直流回路不应使用同一根电缆，线芯应分别成束排列。 2. 冗余系统的电流回路、电压回路、直流电源回路、双跳闸绕组的控制回路等，不应合用一根多芯电缆。 3. 施工期间应做好电缆和电缆附件的防潮、防尘、防外力损伤措施；在现场安装高压电缆附件之前，其组装部件应试装配；安装现场的温度、湿度和清洁度应符合安装工艺要求，严禁在雨、雾、风沙等有严重污染的环境中安装电缆附件。 4. 应避免电缆通道邻近热力管线、腐蚀性介质的管道。 5. 合理安排电缆段长，尽量减少电缆接头的数量，严禁在变电站电缆夹层、桥架和竖井等缆线密集区域布置电力电缆接头。 6. 敷设过程中要注意电缆的绝缘保护，防止割破擦伤。 7. 在同一根电缆中不宜有不同安装单位的电缆芯。 8. 保护、控制与电力电缆敷设应分层敷设，其走向和排列方式应满足设计要求；屏蔽电缆不应与动力电缆敷设在一起；交、直流回路宜采用不同的电缆，分开走线布置，避免强电干扰。 9. 交、直流励磁电缆敷设弯曲半径应大于 20 倍电缆外径，且并联使用的励磁电缆长度误差应不大于 0.5%。 10. 销装电缆要在进盘后切断钢带，断口处扎紧，钢带应引出接地线并可靠接地。屏蔽电缆应按设计要求可靠接地。接地线截面积应满足：动力电缆不小于 $16mm^2$，控制电缆不小于 $4mm^2$。 11. 配线应美观、整齐，每根线芯应标明电缆编号、回路号、端子号，字迹应清晰，不易褪色和破损

续表

序号	项目	内容	等级	要求
3	二次电缆敷设	电缆排列	一般	1. 电缆应排列整齐，编号清晰，避免交叉，固定牢固，不得使所接的端子承受机械应力。 2. 电缆套牌悬挂应与实际对应，电缆套牌应指向清晰、内容完整
		电缆屏蔽与接地	重要	1. 铠装电缆进入屏、柜后，应将钢带切断，切断处的端部应扎紧，钢带应在盘、柜侧一点接地（一次地网）。 2. 屏蔽电缆的屏蔽层应接地（专用二次等电位接地网）良好
		电缆芯线布置	一般	1. 屏、柜内的电缆芯线接线应牢固、排列整齐，并应留有适当裕度；备用芯线应引至屏、柜顶部或线槽末端，并应标明备用标识，芯线导体不应外露。 2. 电缆芯线和所配导线的端部均应标明其回路编号，编号应正确，字迹清晰且不易脱色。 3. 屏内二次接线紧固、无松动，与出厂图纸相符。 4. 橡胶绝缘的芯线应用外套绝缘管
4	二次电缆接线	接线核对及紧固情况	重要	1. 应按有效图纸施工，接线应正确。 2. 导线与电气元件间应采用螺栓连接、插接、焊接或压接等，且均应牢固可靠。 3. 各短接片要压接良好，使用合理，工艺美观，无毛刺；特别是 TA、TV 二次回路的短接片使用，要能方便以后年度检修时做安措；在安措时需加装短接片的端子上宜保留固定螺栓
		电缆绝缘与芯线外观检查	重要	1. 屏柜内的导线不应有接头，导线芯线应无损伤。 2. 导线接引处预留长度适当，且各线余量一致。 3. 用 1000V 绝缘电阻表测量电缆各芯线之间和各芯线对地的绝缘情况，阻值均应大于 10MΩ。 4. 多股铜芯线每股铜芯都应接入端子，避免裸露在外
		电缆芯线编号检查	一般	电缆芯线和所配导线的端部均应标明其回路编号，编号应正确，字迹应清晰且不易脱色
		配线检查	一般	配线应整齐、清晰、美观，导线绝缘应良好，无损伤
		线束绑扎松紧和形式	一般	线束绑扎松紧适当、匀称、形式一致，固定牢固
		备用芯的处理	重要	备用芯预留长度至屏内最远端子处；芯线与屏柜外壳绝缘可靠，标识齐全
5	光缆敷设	光缆布局	一般	1. 光缆敷设的环境温度不宜低于 -10℃。 2. 光缆在两端及沟道转弯处装设光缆标志牌，标志牌上应写明光缆型号、规格及起讫地点，标志牌字迹应清晰不易脱落。 3. 站内光缆在其作用段内应采用整根光缆。 4. 光纤外护层完好，无破损。 5. 光缆走向与敷设方式应符合施工图纸要求
		光缆弯曲半径	重要	1. 光缆敷设的弯曲半径应符合产品技术文件的规定，当无规定时，无铠装光缆的最小静态弯曲半径应不小于光缆外径的 10 倍，动态弯曲半径应不小于光缆外径的 20 倍；铠装光缆的最小静态弯曲半径应不小于光缆外径的 15 倍，动态弯曲半径应不小于光缆外径的 30 倍。 2. 光纤（缆）弯曲半径应大于纤（缆）径的 15 倍

续表

序号	项目	内容	等级	要求
6	光纤连接	光纤及槽盒外观检查	一般	1. 光纤外护层完好，无破损；端头清洁，无杂物。 2. 光纤槽盒固定牢靠，槽口无锐边，槽盒表面的半导电漆层完好
		光纤弯曲度检查	重要	光纤弯曲半径为光纤截面直径的 20 倍，最小为 50mm
		光纤连接情况	重要	光纤连接可靠，接触良好
		光纤回路编号	一般	光纤端部均应标明其回路编号，编号应正确，字迹清晰且不易脱色
		光纤备用芯检查	一般	同一光纤回路备用光纤备用芯数量应不少于在用芯数量或不低于 3 根，且均应制作好光纤头并安装好防护帽，固定适当无弯折；标识齐全
7	屏内接地	主机机箱外壳接地	重要	主机（装置）的机箱外壳应可靠接地，以保证主机（装置）有良好的抗干扰能力
		接地铜排	重要	盘、柜内二次回路接地应设接地铜排；静态保护和控制装置屏、柜内部应设有截面积不小于 100mm^2 的接地铜排，接地铜排上应预留接地螺栓孔，螺栓孔数量应满足盘、柜内接地线接地的需要；静态保护和控制装置屏、柜接地连接线应采用不小于 50mm 的带绝缘铜导线或铜缆与接地网连接，接地网设置应符合设计要求
		接地线检查	重要	1. 电缆屏蔽层应使用截面积不小于 4mm^2 多股铜质软导线可靠连接到等电位接地铜排上。 2. 屏柜的门等活动部分应使用不小于 4mm^2 多股铜质软导线与屏柜体良好连接
8	励磁变压器	铁芯检查	重要	铁芯紧固，无松动。表面漆膜完整、无开裂。铁芯应一点接地
		绕组检查	重要	绕组接线牢固正确，表面无放电痕迹、裂纹
		引出线	重要	电气连接接触良好、连接可靠，固定螺栓和接触面符合设计要求。绝缘层无损伤、裂纹。裸露导体外观无毛刺、尖角。裸导体相间及对地距离（户内）：小于等于 300mm（35kV）、小于等于 180mm（20kV）、小于等于 125mm（10kV），引线支架固定牢固、无损伤
		本体附件安装	重要	1. 本体固定要牢固、可靠。 2. 温控装置动作可靠，指示正确。 3. 夹件接地牢固，导通良好，符合标准，中性点接地引排与筒体距离符合厂家要求。 4. 中性点接地牢固，导通良好，符合标准，中性点接地引排与筒体距离符合厂家要求。 5. 外壳接地牢固，导通良好，符合标准，中性点接地引排与筒体距离符合厂家要求。 6. 本体接地牢固，导通良好，符合标准，中性点接地引排与筒体距离符合厂家要求。 7. 温控器接地用软导线可靠接地，且导通良好。 8. 开启门接地用软导线可靠接地，且导通良好

续表

序号	项目	内容	等级	要求
9	灭磁开关	灭磁开关安装	重要	1. 传动机构、分合闸线圈及锁扣机构的外部检查。分别在手动和电动两种方式下检查传动与锁扣机构，其动作应符合有关产品标准。 2. 接触导电部件的检查。所有连接件必须紧固，断路器每个断口触头接触电阻应不大于出厂值的 120%。 3. 灭磁开关或磁场断路器灭弧系统的检查。检查灭弧栅片数量、配置、形状、安装位置，弧触头的开距等，均应符合产品及订货的要求。 4. 分、合闸线圈的直流电阻的检查。电阻阻值应该与说明书一致。 5. 弧触头和主触头动作顺序的检查。主触头的接触应灵活无卡涩，合闸后主触头接触电阻应符合产品技术条件要求。各触头动作一致性应符合制造厂要求。 6. 灭磁电阻串并联的数量（总容量）、压敏电压值等的检查均应符合合同和产品技术条件要求。 7. 清扫。灭磁开关或磁场断路器以及灭磁电阻及其附件安装好后应进行清扫，并根据合同要求进行试验
10	功率整流器	晶闸管安装	重要	1. 电力半导体器件的拆装应符合下列要求： （1）器件的拆装应使用专用工具进行；对平板型器件宜连同散热器一起拆装；有防静电要求的器件，应采取相应措施。 （2）装配时，应先检查器件、散热器的表面质量，其安装方法、紧固力矩应符合产品技术文件要求。 （3）装配后，检查带电部件之间和带电部件与地（外壳）之间的最小电气间隙，其间隙应符合产品技术文件要求。 （4）器件的更换和拆装工作宜在制造厂技术人员指导下进行。当自行更换时，应由熟知设备性能、器件性能及拆装工艺要求的人员进行。 2. 励磁系统安装空间内应有良好的通风系统或空调
11	母线	母线安装	重要（隐蔽项目）	1. 成套供应的封闭母线的各段应相色标示清晰、热缩套无破损。 2. 螺栓固定的母线搭接面应搪锡或镀银，且应平整，其接触面不应有麻面、起皮及未覆盖部分。 3. 各种金属构件的安装螺孔不应采用气焊割孔或电焊吹孔。 4. 母线与母线，母线与分支线，母线与电器接线端子搭接时，其搭接面的处理应符合下列规定： （1）铜与铜：室外、高温且潮湿或对母线有腐蚀性气体的室内，必须搪锡或镀银，在干燥的室内可直接连接。 （2）铜与铝：在干燥的室内，铜导体应搪锡或镀银，室外或空气相对湿度接近 100% 的室内，应采用铜铝复合过渡板，铜端应搪锡或镀银。 （3）铝与铝：直接连接。 （4）柜内所有连接排的端部经倒角处理，防止尖端放电现象。 （5）所有搭接面的螺栓连接出牙应为 3~5 扣
12	标示	标示安装	一般	屏柜的正面及背面各电器、端子牌等应标明编号、名称、用途及操作位置，其标明的字迹应清晰、工整，且不易脱色
13	防火	防火密封	重要	安装调试完毕后，在电缆进出盘、柜的底部或顶部以及电缆管口处应进行防火封堵，封堵应严密

2.1.3 功能调试监督

<table>
<tr><th>序号</th><th>项目</th><th>内容</th><th>等级</th><th>要求</th></tr>
<tr><td>1</td><td>温升</td><td>温升限值</td><td>重要</td><td>
励磁系统各部件温升如表 2–1 所示。

表 2–1　励磁系统各部件温升
<table>
<tr><td colspan="2">部位名称</td><td>温升限额（K）</td></tr>
<tr><td rowspan="2">励磁变</td><td>绕组</td><td>80</td></tr>
<tr><td>铁芯</td><td>不得损害</td></tr>
<tr><td colspan="2">铜母线</td><td>25</td></tr>
<tr><td rowspan="3">铜母线连接处</td><td>无保护层</td><td>45</td></tr>
<tr><td>有锡和铜的保护层</td><td>55</td></tr>
<tr><td>有银保护层</td><td>70</td></tr>
<tr><td colspan="2">铝母线</td><td>25</td></tr>
<tr><td colspan="2">铝母线连接处</td><td>30</td></tr>
<tr><td rowspan="2">电阻元件</td><td>距电阻表面 30mm 处的空气</td><td>25</td></tr>
<tr><td>印刷电路板上电阻表面</td><td>30</td></tr>
<tr><td colspan="2">塑料、橡皮、漆布绝缘导线</td><td>20</td></tr>
<tr><td colspan="2">硅整流元件（与散热器接合处）</td><td rowspan="2">按元件标准规定，一般不超过 45</td></tr>
<tr><td colspan="2">熔断器</td></tr>
<tr><td colspan="2">晶闸管</td><td>按元件标准规定，一般不超过 40</td></tr>
</table>
</td></tr>
<tr><td>2</td><td>绝缘耐压试验</td><td>绝缘电阻</td><td>重要</td><td>
1. 测量调相机的励磁回路连同所连接设备的绝缘电阻值，应符合下列规定：
（1）绝缘电阻值不应低于 0.5MΩ。
（2）测量绝缘电阻不应包括发电机转子和励磁机电枢。
（3）回路中有电子元器件设备的，试验时应将插件拔出或将其两端短接。
2. 励磁系统各部件绝缘试验内容和评价标准如表 2–2 所示。

表 2–2　励磁系统各部件绝缘试验内容和评价标准
<table>
<tr><td>测试部位</td><td>测试电压（V）</td><td>绝缘电阻（MΩ）</td></tr>
<tr><td>端子排对机柜外壳（断电条件下）</td><td>500</td><td>≥ 1.0</td></tr>
<tr><td>交流母排对机柜外壳</td><td>1000</td><td>≥ 1.0</td></tr>
<tr><td>共阴极对机柜外壳</td><td>500</td><td>≥ 1.0</td></tr>
<tr><td>共阳极对机柜外壳</td><td>500</td><td>≥ 1.0</td></tr>
<tr><td>直流正、负极之间</td><td>500</td><td>≥ 1.0</td></tr>
<tr><td>励磁变压器高压绕组（与发电机、主变压器断开）对地</td><td>2500</td><td>≥ 20</td></tr>
<tr><td>励磁变压器高压绕组（与发电机、主变压器连接）对地</td><td>2500</td><td>≥ 1.0</td></tr>
<tr><td>励磁变压器低压绕组对地</td><td>100</td><td>≥ 1.0</td></tr>
<tr><td>控制电源回路对地</td><td>500</td><td>≥ 1.0</td></tr>
<tr><td>TV、TA 回路对地</td><td>500</td><td>≥ 1.0</td></tr>
<tr><td>变压器组保护跳闸号回路对地</td><td>500</td><td>≥ 1.0</td></tr>
</table>
</td></tr>
</table>

续表

<table>
<tr><th>序号</th><th>项目</th><th>内容</th><th>等级</th><th>要求</th></tr>
<tr><td>2</td><td>绝缘耐压试验</td><td>交流耐压</td><td>重要</td><td>调相机的励磁回路连同所连接设备的交流耐压试验，应符合下列规定：
（1）试验电压值应为 1000V 或用 2500V 绝缘电阻表测量绝缘电阻代替交流耐压试验。
（2）交流耐压试验不应包括发电机转子和励磁机电枢。
（3）回路中有电子元器件设备的，试验时应将插件拔出或将其两端短接</td></tr>
<tr><td rowspan="6">3</td><td rowspan="6">主励磁变压器/启动励磁变压器</td><td>绕组的直流电阻测量</td><td>重要</td><td>1. 相间互差要求如表 2-3 所示。

表 2-3　　相间互差要求
<table><tr><td rowspan="2">测量项</td><td colspan="2">容量（kVA）</td></tr><tr><td>≤ 1600</td><td>＞ 1600</td></tr><tr><td>相电阻差值应小于平均值</td><td>4%</td><td>2%</td></tr><tr><td>线电阻互差值应小于平均值</td><td>2%</td><td>1%</td></tr></table>2. 与同温度下产品出厂实测数据比较，相应变化≤ 2%</td></tr>
<tr><td>三相接线组别的极性检查</td><td>重要</td><td>变压器三相接线组别必须与设计要求及铭牌上的标记和外壳上的端子标志相一致</td></tr>
<tr><td>绕组的绝缘电阻测量</td><td>重要</td><td>绝缘电阻值≥出厂试验值的 70% 或者 10000MΩ（20℃）</td></tr>
<tr><td>铁芯及夹件的绝缘电阻测量</td><td>重要</td><td>铁芯及夹件的绝缘电阻测量值≥ 1000MΩ</td></tr>
<tr><td>绕组的交流耐压试验</td><td>重要</td><td>干式变压器试验电压为出厂试验电压的 80%</td></tr>
<tr><td>测温装置及其二次回路试验</td><td>重要</td><td>1. 校验测温装置，符合 JJG 310—2002《压力式温度计检定规程》的要求。
2. 如一台变压器有两只油温度计，要求两只温度计显示温度偏差≤ 5℃。
3. 二次回路绝缘电阻一般≥ 1MΩ。
4. 检查温度控制器控制、信号触点，各触点整定值应正确，远方、就地显示误差≤ 2℃</td></tr>
<tr><td>4</td><td>灭磁开关</td><td>灭磁开关试验</td><td>重要</td><td>1. 自动灭磁开关的主回路动合和动断触头或主触头和灭弧触头的动作配合顺序应符合制造厂设计的动作配合顺序。
2. 在同步发电机空载额定电压下进行灭磁试验，观察灭磁开关灭弧应正常。
3. 灭磁开关合、分闸电压应符合产品技术文件规定，灭磁开关在额定电压 80% 以上时，应可靠合闸；在 30%~65% 额定电压时，应可靠分闸；低于 30% 额定电压时，不应动作</td></tr>
<tr><td rowspan="3">5</td><td rowspan="3">灭磁电阻</td><td>绝缘电阻</td><td>重要</td><td>1kV 以下电压等级，应采用 500V 绝缘电阻表，绝缘电阻不应小于 2MΩ；基座绝缘电阻不应低于 5MΩ</td></tr>
<tr><td>压敏电压</td><td>重要</td><td>对高能氧化锌压敏电阻元件，交接试验中应逐支测试压敏电压 U_{10mA}</td></tr>
<tr><td>泄漏电流</td><td>重要</td><td>1. 对元件施加相当于 $0.5U_{10mA}$ 直流电压时其漏电流应小于 100μA。
2. 对氧化锌非线性电阻进行泄漏电流测试，对元件施加相当于 0.5 倍 U_{10mA} 直流电压时其漏电流应小于 50μA</td></tr>
<tr><td>6</td><td>功率元件</td><td>静态及动态试验</td><td>重要</td><td>1. 对于单只容量动态平均电流在 1500A 以上的晶闸管功率组件（压装散热器后），需进行全动态试验，测试功率组件的相关参数。至少包括以下参数：
静态：门极触发电压、门极触发电流、断态重复峰值电压、漏电流。
2. 功率整流装置均流试验。当功率整流装置输出为额定磁场电流时，测量各并联整流桥或每个并联支路的电流。</td></tr>
</table>

续表

<table>
<tr><th>序号</th><th>项目</th><th>内容</th><th>等级</th><th>要求</th></tr>
<tr><td>6</td><td>功率元件</td><td>静态及动态试验</td><td>重要</td><td>3. 功率整流装置噪声试验。噪声测量采用 A 声级噪声计，测量时应在较小的环境噪声水平条件下进行。测点距功率整流装置 1m，距地面 1.2~1.5m。围绕功率整流装置四周的测点数不少于 4 个，取各测点测量值的平均值作为设备的噪声水平。
4. 功率整流装置应设交流侧过电压保护和换相过电压保护，每个支路应有快速熔断器保护，快速熔断器动作特性应与被保护元件过电流特性相配合</td></tr>
<tr><td rowspan="4">7</td><td rowspan="4">励磁调节及测控装置</td><td>装置上电检查</td><td>重要</td><td>1. 装置液晶显示正常，数据显示清晰，各按键、按钮操作灵敏可靠。
2. 软件版本正确。
3. 时钟显示正确，与同步时钟对时正常。
4. 装置定值的修改和固化功能正常。装置电源丢失后原定值不改变。
5. 拉合三次直流工作电源及将直流电源缓慢变化（降或升），装置应不误动和误发保护动作信号。
6. 80%U_n 直流电源拉合试验：直流电源调至 80%U_n，连续断开、合上电源开关几次，“运行”绿灯应能相应地熄灭、点亮</td></tr>
<tr><td>交流量采样检查</td><td>重要</td><td>1. 接入三相标准电压源和电流源，模拟量测试范围及测量点如表 2–4 所示。
表 2–4　　模拟量测试范围及测量点
<table>
<tr><th>类别</th><th>测量范围</th><th>测量点</th></tr>
<tr><td>电压、电流量</td><td>0%~130% 额定值</td><td>测试点 5~10 个，需包括 0 和额定值</td></tr>
<tr><td>频率值</td><td>48~53Hz</td><td>每隔 0.5Hz 测一次</td></tr>
<tr><td>无功功率量</td><td>–100%~100%</td><td>包括 –100%、0、+100% 无功功率</td></tr>
</table>
2. 电压测量精度分辨率在 0.5% 以内，电流测量精度在 0.5% 以内，无功功率计算精度在 2.5% 以内</td></tr>
<tr><td>开入、开出功能检查</td><td>重要</td><td>逐一检测开关量输入、输出环节的正确性</td></tr>
<tr><td>操作、保护、限制及信号回路动作试验</td><td>重要</td><td>各类试验检查项目如表 2–5 所示。
表 2–5　　各类试验检查项目
<table>
<tr><th>试验类别</th><th>检查项目</th></tr>
<tr><td rowspan="8">操作控制</td><td>分、合灭磁开关</td></tr>
<tr><td>启动励磁、灭磁</td></tr>
<tr><td>自动通道间，自动、手动通道间切换</td></tr>
<tr><td>PSS 投退</td></tr>
<tr><td>就地、远方切换</td></tr>
<tr><td>就地、远方增减磁</td></tr>
<tr><td>运行方式选择</td></tr>
<tr><td>恒无功、恒功率因数选择</td></tr>
<tr><td rowspan="7">运行状态</td><td>励磁调节装置调节方式</td></tr>
<tr><td>运行通道</td></tr>
<tr><td>PSS 投 / 切</td></tr>
<tr><td>灭磁开关分 / 合</td></tr>
<tr><td>调相机电压、电流</td></tr>
<tr><td>无功功率</td></tr>
<tr><td>励磁电压和励磁电流</td></tr>
</table></td></tr>
</table>

续表

<table>
<tr><th>序号</th><th>项目</th><th>内容</th><th>等级</th><th>要求</th></tr>
<tr><td rowspan="8">7</td><td rowspan="8">励磁调节及测控装置</td><td>操作、保护、限制及信号回路动作试验</td><td>重要</td><td>续表
<table>
<tr><th>试验类别</th><th>检查项目</th></tr>
<tr><td rowspan="11">故障显示</td><td>功率整流装置故障</td></tr>
<tr><td>电压互感器断线</td></tr>
<tr><td>励磁装置工作电源消失</td></tr>
<tr><td>励磁调节装置故障</td></tr>
<tr><td>触发脉冲故障</td></tr>
<tr><td>调节通道自动切换动作</td></tr>
<tr><td>欠励磁限制动作</td></tr>
<tr><td>过励磁限制动作</td></tr>
<tr><td>U/f 限制动作</td></tr>
<tr><td>启励磁故障</td></tr>
<tr><td>励磁切换</td></tr>
</table></td></tr>
<tr><td>过励磁限制试验</td><td>重要</td><td>1. 试验内容：计算反时限特性参数并设置过励限制单元的顶值电流瞬时限制值和反时限特性参数。测量模拟额定磁场电流下过励磁限制输入信号的大小，然后按规定的值整定。在过励磁限制的输入端通入模拟发电机运行时的转子电流信号，其大小相应于过励磁限制曲线对应的转子电流。此时调整过励磁限制单元中有关整定参数，使过励磁限制动作。根据过励磁限制整定曲线，选择 2~3 个工况点验证过励磁限制特性曲线和动作延时。
2. 动作值与设置相符，过励磁限制动作信号正确发出</td></tr>
<tr><td>低励磁单元试验</td><td>重要</td><td>1. 在低励磁限制单元的输入端通入电压和电流，模拟发电机运行时的电压和电流，其大小相位分别相应于低励磁限制曲线对应的有功功率和无功功率数值。此时调整低励磁限制单元中有关整定参数，使低励限制动作。根据低励限制整定曲线，选择 2~3 个工况点验证特性曲线。
2. 动作值与设置相符，低励磁限制动作信号正确发出</td></tr>
<tr><td>定子电流限制单元试验</td><td>重要</td><td>1. 用三相电流源作机端电流的模拟信号，整定并输入设计的定子电流限制曲线，调整三相电流源的输出大小使其对应于定子电流限制值。此时调整定子电流限制单元中有关整定参数，使定子电流限制动作。根据定子电流限制整定曲线，选择 2~3 个工况点验证定子电流特性曲线。
2. 动作值与设置相符，励磁调节器定子电流限制动作信号正确发出</td></tr>
<tr><td>U/f 限制单元试验</td><td>重要</td><td>1. 用可变频率三相电压源作机端电压的模拟信号，整定并输入设计参数，限制曲线，调整三相电压源的频率，使电压频率在 45~52Hz 范围内改变。测量励磁调节器的电压整定值和频率值并做记录。
2. 动作值与设置相符，励磁调节器 U/f 限制动作信号正确发出</td></tr>
<tr><td>TV 断线保护</td><td>重要</td><td>使用继电保护测试仪，模拟测试 TV 断线功能，应有相应的 TV 断线告警</td></tr>
<tr><td>同步信号及移相回路检查试验</td><td>重要</td><td>1. 试验条件：标准三相交流电压源、示波器等试验仪器。
2. 试验内容：励磁调节器的运行方式为手动或定角度方式，模拟励磁调节器运行的条件，使其输出脉冲。用示波器观察调整触发脉冲与同步信号之间的相差，检查触发脉冲角度的指示与实测是否一致，调整最大和最小触发脉冲控制角限制。
3. 评判标准：励磁调节器移相特性正确</td></tr>
</table>

续表

序号	项目	内容	等级	要求
7	励磁调节及测控装置	开环小电流负载试验	重要	1. 试验条件：励磁调节器装置各部分安装检查正确，完成接线检查和单元试验及绝缘耐压试验后进行。如是自并励系统，加入与试验相适应的工频三相电源；确定整流柜及同步变压器为同相序且为正相序，接好小电流负载。 2. 试验内容： （1）输入模拟 TV 和 TA 以及励磁调节器应有的测量反馈信号，检测各测量值的测量误差在要求的范围之内。 （2）励磁调节器上电，操作增减磁，改变整流柜直流输出，用示波器观察负载上波形，每个周期有 6 个波头，各波头对称一致，增减磁时波形变化平滑无跳变。 3. 评判标准：直流输出电压应满足 $U_d=1.35U_{ab}\cos\alpha \leqslant 60°$ $U_d=1.35U_{ab}[1+\cos(\alpha+60°)]$，$60°<\alpha<120°$ 式中：U_d 为整流桥输出控制电压，V；U_{ab} 为整流桥交流侧电压，V；α 为整流桥触发角。 整流设备输出电压波形的换相尖峰不应超过阳极电压峰值的 1.5 倍。 4. 安全措施：断开励磁变压器一次接线。防止试验中谐波电流进入厂用电母线导致厂用电保护误动跳机
8	启动励磁	启动励磁开入、开出功能检查	重要	模拟量、开关量单元检查（包括励磁电流给定值、励磁电流反馈值），验证启动励磁和启动系统的配合逻辑
		启动励磁与 SFC 接口试验	重要	调相机启动过程中，启动励磁应接收 SFC 控制信号（控制励磁电流）
		启动励磁和主励磁切换试验	重要	模拟调相机启动至同期转速之后，启动励磁退出，主励磁投入，切换后如同期失败应具备再次切换至启动励磁工作模式，切换成功率大于 99%
9	调相机并网前试验	核相试验与相序检查试验	重要	对于自并励系统，通过系统倒充对升压变及励磁变压器充电，验证励磁变压器二次侧和调相机升压变的相位一致。对励磁变压器送电后注意其温升的情况
		励磁调节器起励试验	重要	1. 能够成功启动励磁，调相机电压稳定在设定值。调相机零起升压时，调相机机端电压应稳定快速上升（10s 以内），其超调量应不大于额定值的 10%。 2. 机组惰走在 3150~2910 转期间，机端电压稳定。 3. 检查零起升压时机端电压超调量、调节时间及振荡次数
		灭磁试验及转子过电压保护试验	重要	1. 灭磁开关不应有明显灼痕，灭磁电阻无损伤，转子过电压保护无动作，任何情况下灭磁时发电机转子过电压不应超过转子出厂工频耐压试验电压幅值的 70%，应低于转子过电压保护动作电压。 2. 测量灭磁时间常数、控制角、转子过电压倍数
		自动电压调节通道切换及自动 / 手动控制方式切换试验	重要	1. 测定发电机微机励磁调节器双通道的相互跟踪情况，是否可快速跟踪并能够实现无扰动切换。 2. 发电机空载自动跟踪切换后机端电压稳态值变化小于 1% 额定电压，机端电压变化暂态值最大变化量不超过 5% 额定机端电压
		冷却风机切换试验	重要	当工作风机故障停止运行时，备用风机应自动启动运行；在风机工作交流电源断电的情况下，应自动切换到备用电源工作
		电压互感器（TV）二次回路断线试验	重要	TV 一相断线时发电机电压应当基本不变；TV 两相断线时，机端电压超过 1.2 倍的时间不大于 0.5s

续表

序号	项目	内容	等级	要求
9	调相机并网前试验	励磁系统同步电压测试	重要	同步电压的波形、相序和幅值应符合设计要求
		惰速建压特性试验	重要	SFC将机组拖动至1.05倍额定转速后退出，励磁系统切换并建压，闭锁并网开关合闸。让机组降速至额定转速，并记录时间。与无主变压器降速仿真结果相对比，为现场投运提供参考数据
		阶跃试验	重要	1. 自并励静止励磁系统的电压上升时间不大于0.5s，振荡次数不超过3次，调节时间不超过5s，超调量不大于30%。较小的上升时间和适当的超调量有利于电力系统稳定。 2. 调相机成功建压至额定电压后在惰转至50Hz频率附近时，在电压闭环控制方式下，由调节器本地命令界面上发出命令，做电压10%上下阶跃响应试验。从90%额定机端电压开始阶跃到100%机端电压或从100%额定机端电压开始阶跃到90%机端电压，电压超调量应不大于阶跃量的20%，振荡次数不超过3次，上升时间不大于0.5s，下降时间不大于0.5s，调节时间不大于3s
		建模试验	重要	按照励磁建模导则及试验方案完成建模试验
10	调相机并网后试验	励磁系统TA极性检查	重要	无功功率变化方向与增减励磁方向一致，可判断励磁系统TA极性正确
		并网后调节通道切换及自动/手动控制方式切换试验	重要	发电机带负荷状态自动跟踪后切换无功功率稳态值变化小于10%额定无功功率
		电压调差率测定	重要	1. 电压调差极性：发电机并网带一定负荷，增加无功补偿系数，无功功率增加的为负调差，减少的为正调差。 2. 电压调差率测定：发电机并网运行时，在功率因数等于零的情况下调节给定值使发电机无功功率大于50%额定无功功率，测量此时的发电机电压和电压给定值，在发电机空载试验中得到电压给定值对应的发电机电压，求得电压调差率
		过励磁限制试验	重要	过励磁限制动作后机组运行稳定，动作值与设置值相符
		低励磁限制试验	重要	低励磁限制动作后运行稳定，动作值与设置值相符，且不发生有功功率的持续振荡
		*U/f*限制试验	重要	*U/f*限制动作后运行稳定，动作值与设置值相符
		功率整流装置额定工况下均流检查	重要	功率整流装置的均流系数应不小于0.9。均流系数为并联运行各支路电流平均值与支路最大电流之比。任意退出一个功率柜其均流系数也要符合要求
		甩无功负荷试验	重要	甩额定无功功率，机端电压最大值不大于额定值115%
		AVC调节特性检查	重要	1. 稳态时由高压母线电压和无功实现稳态控制。 2. 暂态时由电压闭环进行快速强励和减励
		阶跃响应试验	重要	发电机额定工况运行，阶跃量为发电机额定电压的1%~4%，有功功率阻尼比大于0.1，波动次数不大于5次，调节时间不大于10s

2.2 变频调速系统（SFC）

2.2.1 到场监督

序号	项目	内容	等级	要求
1	屏柜	屏柜外观检查	一般	屏柜外观应完整，颜色与订货相符，无外力损伤及变形痕迹，屏柜内无淋雨、受潮或凝水情况
		元器件完整性检查	重要	1. 屏内装置、打印机、转换开关、按钮、标签框、空气开关、端子排、端子盒、同轴光缆独立继电器、接地铜牌、门接地线等元器件应完整良好，且与装箱清单以及设计图纸数目、型号相符。 2. 设备应有铭牌或相当于铭牌的标志，内容包括：①制造厂名称和商标。②设备型号和名称
		设备检查		SFC 隔离变压器 10kV 进线开关、SFC 输出切换开关、机端隔离开关、静止变频器、电流互感器与电压互感器、电力变流设备母线应完整良好，且与装箱清单以及设计图纸数目、型号相符
2	平波电抗器压器	外观检查	一般	1. 核对铭牌与技术协议要求是否一致，抄录本体及附件铭牌参数并拍照片存档，编制设备清册。 2. 检查外观无损伤、脱漆、锈蚀情况
3	隔离变压器	外观检查	一般	1. 无损伤、脱漆、锈蚀情况。 2. 抄录铭牌参数和生产厂家及型号等信息，并拍照片，编制设备清册
4	附件及专用工器具	备品备件	重要	1. 检查是否有相关备品备件，数量及型号是否相符，做好相应记录。 2. 将备品备件及专用工器具的相关资料移交给运行单位。资料应包括装箱清单、合格证、试验报告、技术资料以及图纸等
		专用工器具	重要	1. 记录随设备到场专用工器具，列出专用工器具清单，检查专用工器具是否齐备及能否正常使用，并妥善保管。 2. 如施工单位需借用相关工器具，须履行借用手续
		相关资料检查	重要	1. 采购技术协议或技术规范书、出厂试验报告、运输记录、设备监造报告、设备评价报告、设备使用说明书，合格证书、安装使用说明书等资料应齐全，扫描并存档。 2. 随屏图纸、技术说明书、保护软件（程序 / 逻辑图）、合格证等相关资料齐全，并扫描存档

2.2.2 安装监督

序号	项目	内容	等级	要求
1	屏柜安装	屏柜找正	重要	1. 基础型钢的安装应符合下列要求： （1）基础型钢应按设计图纸或设备尺寸制作，其尺寸应与屏、柜相符，不直度和不平度允许偏差 1mm/m、5mm/ 全长，位置偏差及不平行允许偏差 5mm/ 全长。 （2）基础型钢安装后，其顶部宜高出最终地面 10 ~20mm。 2. 柜体垂直误差小于 1.5mm/m，相邻两柜顶部水平误差小于 2mm。成列柜顶部水平误差小于 5mm，相邻两柜面误差小于 1mm，成列柜面误差小于 5mm，相间接缝误差小于 2mm

续表

序号	项目	内容	等级	要求
1	屏柜安装	屏柜固定	一般	1. 屏、柜及屏、柜内设备与各构件间连接应牢固；屏、柜与基础型钢不宜焊接固定。 2. 屏、柜的漆层应完整、无损伤，颜色宜一致；固定电器的支架等应采取防锈蚀措施。 3. 屏柜固定良好，紧固件齐全完好
		屏柜接地	重要	1. 基础型钢应有明显且不少于两点的可靠接地。 2. 屏、柜等的金属框架和底座均应可靠接地，标识规范。可开启的门应采用截面积不小于 $4mm^2$ 且端部压接有终端附件的多股软铜导线与接地的金属框架可靠接地
		屏柜设备检查	一般	1. 屏、柜的正面及背面各电器、端子排等应标明编号、名称、用途及操作位置，且字迹应清晰、工整，不易脱色。 2. 在验收时，应按下列规定进行检查： （1）盘柜的固定及接地可靠，盘柜漆层应完好、清洁整齐、标识规范。 （2）盘、柜内所装电器元件应齐全完好，安装位置应正确，固定应牢固
		端子排外观检查	一般	1. 端子排应无损坏，固定应牢固，绝缘应良好。 2. 端子应有序号，端子排应便于更换且接线方便；端子排末端离屏、柜底面高度宜大于 350mm
		强、弱电和正负电源端子排的布置	重要	1. 强、弱电端子应分开布置；当有困难时，应有明显标志，并应设空端子隔开或设置绝缘的隔板。 2. 正、负电源之间以及经常带电的正电源与合闸或跳闸回路之间，应以空端子隔开或设置绝缘的隔板
		电流、电压回路等特殊回路端子检查	重要	电流回路应经过试验端子，其他需断开的回路宜经特殊端子或试验端子；试验端子应接触良好
		端子与导线截面匹配	重要	1. 接线端子应与导线截面积匹配，不应使用小端子配大截面积导线。 2. 保护屏、柜端子排一个端子的每一端只准许接 1 根导线，其他屏、柜一个端子的每一端接线宜为 1 根，不应超过 2 根。 3. 不同截面积的两根导线不能接在同一端子上
		端子排接线检查	一般	保护屏、柜端子排一个端子的每一端只准许接 1 根导线，其他屏、柜一个端子的每一端接线宜为 1 根，不应超过 2 根
		电缆截面应合理	重要	1. 屏、柜内的配线应采用标称电压不低于 450V/750V 的铜芯绝缘导线。 2. 二次电流回路导线截面积不小于 $2.5mm^2$。 3. 电子元件回路、弱电回路采用锡焊连接时，在满足载流量和电压降及有足够机械强度的情况下，可采用截面积不小于 $0.5mm^2$ 的绝缘导线。 4. 主机（装置）的直流电源、交流电流、电压及信号引入回路应采用屏蔽阻燃铠装电缆。 5. TA、CVT（TV）及断路器跳闸回路的控制导线不应小于 $2.5mm^2$。 6. 一般控制回路截面不应小于 $1.5mm^2$。 7. 同一受电端的双回或多回电缆线路宜选用不同制造商的电缆、附件。 8. 电缆主绝缘、单芯电缆的金属屏蔽层、金属护层应有可靠的过电压保护措施；统包型电缆的金属屏蔽层、金属护层应两端直接接地

续表

序号	项目	内容	等级	要求
1	屏柜安装	电缆敷设满足相关要求	重要	1. 强、弱电，交、直流回路不应使用同一根电缆，线芯应分别成束排列。 2. 保护、控制用电缆与电力电缆不应同层敷设，且间距应符合设计要求。 3. 冗余系统的电流回路、电压回路、直流电源回路、双跳闸绕组的控制回路等，不应合用一根多芯电缆。 4. 施工期间应做好电缆和电缆附件的防潮、防尘、防外力损伤措施；在现场安装高压电缆附件之前，其组装部件应试装配；安装现场的温度、湿度和清洁度应符合安装工艺要求，严禁在雨、雾、风沙等有严重污染的环境中安装电缆附件。 5. 应避免电缆通道邻近热力管线、腐蚀性介质的管道。 6. 合理安排电缆段长，尽量减少电缆接头的数量，严禁在变电站电缆夹层、桥架和竖井等缆线密集区域布置电力电缆接头。 7. 敷设过程中要注意电缆的绝缘保护，防止割破擦伤。 8. 在同一根电缆中不宜有不同安装单位的电缆芯
		电缆排列	一般	电缆应排列整齐，编号清晰，避免交叉，固定牢固，不得使所接的端子承受机械应力
		电缆屏蔽与接地	重要	1. 铠装电缆进入屏、柜后，应将钢带切断，切断处的端部应扎紧。铠层、屏蔽层接地线应使用截面积不小于 $4mm^2$ 黄绿绝缘多股铜质软导线可靠连接到接地铜排上。 2. 铠层应一点接地，接地点可选在端子箱或汇控柜接地铜排上
		电缆芯线布置	一般	1. 屏、柜内的电缆芯线接线应牢固、排列整齐，并应留有适当裕度；备用芯线应引至屏、柜顶部或线槽末端，并应标明备用标识，芯线导体不应外露。 2. 电缆芯线和所配导线的端部均应标明其回路编号，编号应正确，字迹清晰且不易脱色。 3. 屏内二次接线紧固、无松动，与出厂图纸相符。 4. 橡胶绝缘的芯线应用外套绝缘管
		接线核对及紧固情况	重要	1. 应按有效图纸施工，接线应正确。 2. 导线与电气元件间应采用螺栓连接、插接、焊接或压接等，且均应牢固可靠。 3. 各短接片要压接良好，使用合理，工艺美观，无毛刺；特别是 TA、TV 二次回路的短接片使用，要能方便以后年度检修时做安措；在安措时需加装短接片的端子上宜保留固定螺栓
		电缆绝缘与芯线外观检查	重要	1. 屏柜内的导线不应有接头，导线芯线应无损伤。 2. 导线接引处预留长度适当，且各线余量一致。 3. 用 1000V 绝缘电阻表测量电缆各芯线之间和各芯线对地的绝缘情况，阻值均应大于 10MΩ。 4. 多股铜芯线每股铜芯都应接入端子，避免裸露在外
		电缆芯线编号检查	一般	电缆芯线和所配导线的端部均应标明其回路编号，编号应正确，字迹应清晰且不易脱色
		配线检查	一般	配线应整齐、清晰、美观，导线绝缘应良好，无损伤
		线束绑扎松紧和形式	一般	线束绑扎松紧适当、匀称、形式一致，固定牢固
		备用芯的处理	重要	备用芯预留长度至屏内最远端子处；芯线与屏柜外壳绝缘可靠，标识齐全

续表

序号	项目	内容	等级	要求
1	屏柜安装	光缆布局	一般	1. 光缆敷设的环境温度不宜低于 -10℃。 2. 光缆敷设时，光缆应从缆盘上端引出，并保持松弛弧形，不应使光缆在支架上及地面摩擦、拖拉；光缆人工敷设的速度不宜超过 20m/min。 3. 光缆在两端及沟道转弯处装设光缆标志牌，标志牌上应写明光缆型号、规格及起讫地点，标志牌字迹应清晰不易脱落。 4. 站内光缆在其作用段内应采用整根光缆。 5. 光纤外护层完好，无破损。 6. 光缆走向与敷设方式应符合施工图纸要求
		光缆弯曲半径	重要	1. 光缆敷设的弯曲半径应符合产品技术文件的规定，当无规定时，无铠装光缆的最小静态弯曲半径应不小于光缆外径的 10 倍，动态弯曲半径应不小于光缆外径的 20 倍；铠装光缆的最小静态弯曲半径应不小于光缆外径的 15 倍，动态弯曲半径应不小于光缆外径的 30 倍。 2. 光纤（缆）弯曲半径应大于纤（缆）径的 15 倍
		光纤及槽盒外观检查（确认下）	一般	1. 光纤外护层完好，无破损；端头清洁，无杂物。 2. 光纤槽盒固定牢靠，槽口无锐边，槽盒表面的半导电漆层完好
		光纤弯曲度检查	重要	光纤弯曲半径为光纤截面直径的 20 倍，最小为 50mm
		光纤连接情况	重要	光纤连接可靠，接触良好
		光纤回路编号	一般	光纤端部均应标明其回路编号，编号应正确，字迹清晰且不易脱色
		光纤备用芯检查	一般	同一光纤回路备用光纤备用芯数量应不少于在用芯数量或不低于 3 根，且均应制作好光纤头并安装好防护帽，固定适当无弯折；标识齐全
		主机机箱外壳接地	重要	主机（装置）的机箱外壳应可靠接地，以保证主机（装置）有良好的抗干扰能力
		接地铜排	重要	盘、柜内二次回路接地应设接地铜排；静态保护和控制装置屏、柜内部应设有截面积不小于 $100mm^2$ 的接地铜排，接地铜排上应预留接地螺栓孔，螺栓孔数量应满足盘、柜内接地线接地的需要；静态保护和控制装置屏、柜接地连接线应采用不小于 $50mm^2$ 的带绝缘铜导线或铜缆与接地网连接，接地网设置应符合设计要求
		接地线检查	重要	1. 电缆屏蔽层应使用截面积不小于 $4mm^2$ 多股铜质软导线可靠连接到等电位接地铜排上。 2. 屏柜的门等活动部分应使用不小于 $4mm^2$ 多股铜质软导线与屏柜体良好连接
		标示安装	一般	屏柜的正面及背面各电器、端子牌等应标明编号、名称、用途及操作位置，其标明的字迹应清晰、工整，且不易脱色
		防火密封	重要	安装调试完毕后，在电缆进出盘、柜的底部或顶部以及电缆管口处应进行防火封堵，封堵应严密
		电流互感器与电压互感器		1. 在 SFC 装置主回路应设置足够数盘的电压互感器和电流互感器，电压互感器及电流互感器的数量、布置位置、变比、精度、特性、容量和型式应满足保护、测量和监控的需要。 2. 波形畸变应不影响电压互感器和电流互感器正常工作，布置在逆变桥交流侧的电压互感器和电流互感器应有良好的低频特性，频率在 2~52.5Hz 范围内变化时，其精度应满足保护和测量要求。 3. 电压互感器和电流互感器应安装在密闭防尘的封闭金属配电屏（柜）内，二次回路应接至该屏（柜）端子排上

续表

序号	项目	内容	等级	要求
1	屏柜安装	SFC 隔离变压器 10kV 进线开关		1. 检查防止误操作的“五防”装置齐全，并动作灵活可靠。 2. 手车推进应灵活轻便，无卡阻、碰撞现象。 3. 手车推入工作位置后，动触头顶部与静触头底部的间隙应符合产品要求，且动、静触头在同一轴线上。 4. 手车和柜体间的二次回路连接插件应接触良好。 5. 安全隔离板应开启灵活，随手车的进出而相应动作。 6. 柜内控制电缆的位置不应妨碍手车的进出，并应牢固。 7. 手车与柜体间的接地触头应接触紧密，当手车推入柜内时，其接地触头应比主触头先接触，拉出时接地触头比主触头后断开
		SFC 输出切换开关		1. 操动机构操作控制电源应采用三相交流 380V 电源或直流 220V/ 直流 110V。 2. 切换开关应适合频繁操作工况。 3. 切换开关与相应断路器之间应有可靠的电气闭锁,保证开关安全操作。 4. 切换开关应设在金属柜内，并配置控制箱柜。操动机构、开关位置指示及其他辅助设备应满足实现自动 / 手动、就地 / 远方控制和监视的要求。 5. 切换开关柜应与调相机出口分支离相母线连接，投标方应积极与封闭母线厂家配合相关接口事宜
		机端隔离开关		1. 操动机构操作控制电源应采用三相交流 380V 电源或直流 220V/ 直流 110V。 2. 隔离开关应适合频繁操作工况。 3. 隔离开关与相应断路器之间应有可靠的电气闭锁。保证隔离开关安全操作。 4. 隔离开关应设在金属柜内，并配置控制箱柜。操动机构、开关位置指示及其他辅助设备应满足实现自动 / 手动、就地 / 远方控制和监视的要求。 5. 隔离开关柜应与调相机出口分支离相母线连接，投标方应积极与封闭母线厂家配合相关接口事宜
		静止变频器		电力半导体器件的拆装应符合下列要求： 1. 器件的拆装应使用专用工具进行；对平板型器件，宜连同散热器一起拆装；有防静电要求的器件，应采取相应措施。 2. 装配时，应先检查器件、散热器的表面质量，其安装方法、紧固力矩应符合产品技术文件要求。 3. 装配后，检查带电部件之间和带电部件与地（外壳）之间的最小电气间隙，其间隙应符合产品技术文件要求。 4. 器件的更换和拆装工作宜在制造厂技术人员指导下进行。当自行更换时，应由熟知设备性能、器件性能及拆装工艺要求的人员进行
		电力变流设备母线	重要	电力变流设备母线的型号，规格及并联各支路的长度应符合设计要求
		电力变流设备的电缆	重要	1. 电缆的型号、规格及主电路电缆的长度应符合设计要求，电缆的敷设应符合现行国家标准的有关规定。 2. 电力半导体器件的触发或驱动电路的脉冲连线以及控制系统的数据线，应采用屏蔽双绞线、同轴电缆或光纤。当采用屏蔽双绞线或同轴电缆时，连线宜单独敷设，避免与大电流导线或母线靠近平行走向，并应远离开关器件等强干扰源，其屏蔽层的接地应符合设计要求。光纤的敷设应符合设计要求,其弯曲半径、终接与接续及性能测试应符合工艺要求。 3. 二次回路应按图施工、接线正确，配线应整齐美观，接线端子应牢固可靠，回路编号应正确、清晰；二次回路的抗干扰措施应符合设计及产品技术文件的要求；控制柜的二次回路接线地应符设计要求

续表

序号	项目	内容	等级	要求
2	平波电抗器	结构要求	重要	1. 具有良好的耐高强度的绝缘结构，散热性良好。 2. 阻燃性好，自身不燃，遇到火源时，不产生有害气体。 3. 机械强度高，不会因温度变化在变压器运行寿命期内导致绕组表面龟裂。 4. 柜内安装时，应考虑在封闭的电抗器柜内全容量运行时，仍能保证各部位温升正常，电抗器为强迫风冷，设通风机。 5. 电抗器在允许的环境条件下，应能顺利的冷态投运，并能承受80%额定容量的实加负荷
		铁芯检查	重要	1. 铁芯有绝缘支撑，并能通过可拆卸的接地连接片接地。 2. 磁通密度应远低于饱和点。 3. 铁芯损耗，励磁电流和励磁噪声水平应限制在最低限度。 4. 铁芯应采取防腐措施，避免锈蚀。 5. 铁芯紧固件紧固、无松动
		绕组检查	重要	1. 绕组接线、分接挡位检查牢固正确。 2. 表面检查无放电痕迹、裂痕
		其他	一般	1. 本体固定。 2. 外壳接地，本体接地，风机接地，开启门接地
3	隔离变压器	铁芯检查	重要	铁芯紧固，无松动。表面漆膜完整、无开裂。铁芯应一点接地
		绕组检查	重要	绕组接线牢固正确。分接挡位牢固正确。表面无放电痕迹、裂纹
		引出线	重要	电气连接接触良好、连接可靠，固定螺栓和接触面符合设计要求。绝缘层无损伤、裂纹。裸露导体外观无毛刺、尖角。裸导体相间及对地距离（户内）：不小于300mm（35kV）、不小于180mm（20kV）、不小于125mm（10kV），引线支架固定牢固、无损伤
		本体附件安装	重要	1. 本体固定要牢固、可靠。温控装置动作可靠，指示正确。 2. 外壳接地牢固，导通良好，符合标准。 3. 本体接地牢固，导通良好，符合标准。 4. 温控器接地用软导线可靠接地，且导通良好。 5. 开启门接地用软导线可靠接地，且导通良好

2.2.3 功能调试监督

序号	项目	内容	等级	要求
1	装置上电	人机接口功能	重要	装置液晶显示正常，数据显示清晰，各按键、按钮操作灵敏可靠
		SFC系统的对外通信功能	重要	各接口运行正常
		版本检查	重要	1. 软件运行良好。 2. 掌握专用软件操作方法，编制软件操作手册
		SFC系统的对时功能	重要	1. 应具有自动对时功能（宜具有硬对时和软对时功能），精度满足设计要求。 2. 掌握故障测距装置对时原理，明确对时回路接线和软件对时协议

续表

序号	项目	内容	等级	要求
2	平波电抗器	绕组电阻测量	重要	1. 测量前，环境温度变化小于 3℃的时间至少不应低于 3h。用内部温度传感器测得的绕组温度与环境温度之差不应大于 2℃。 2. 绕组温度应与绕组电阻同时测量，绕组温度由置于有代表性位置（最好置于绕组内部，如：高、低压绕组间的通道内）的传感器测量
		增量电感测量	重要	增量电感测量应在叠加有规定的谐波电流的额定直流电流 i_d（额定增量电感）和在零直流电流时进行（空载增量电感），并且还应在直流电流值介于上述两个极限值之间的若干个中间值下进行，以确认电抗器是线性电抗器
		外施交流耐压试验	重要	本试验应在 50Hz 下进行。电压应施加于连接在一起的绕组各个端子与地之间，可承受最大电压为 8kV，试验时间为 1min
3	隔离变压器试验	测量绕组直流电阻	重要	1. 测量应在各分接头的所有位置上进行。 2. 1600kVA 及以下电压等级三相变压器，各相测得值的相互差值应小于平均值的 4%，线间测得值的相互差值应小于平均值的 2%。1600kVA 及以上三相变压器，各相测得值的相互差值应小于平均值的 2%，线间测得值的相互差值应小于平均值的 1%。 3. 变压器的直流电阻，与同温下产品出厂实测数值比较，相应变化不应大于 2%；不同温度下电阻值按照以下公式换算： $R_2=R_1(T+t_2)/(T+t_1)$ 式中 R_1、R_2——分别为温度在 t_1、t_2 时的电阻值； T——计算用常数，铜导线取 235，铝导线取 225。 4. 由于变压器结构等原因，差值超过本条第 2 款时，可只按本条第 3 款进行比较，但应说明原因
		检查分接头的电压比	重要	应与制造厂铭牌数据相比应无明显差别，且应符合电压比的规律。 注：“无明显差别”可按如下考虑： 1. 电压等级在 35kV 以下，电压比小于 3 的变压器，电压比允许偏差不超过 ±1%。 2. 其他所有变压器额定分接下电压比允许偏差不超过 ±0.5%。 3. 其他分接的电压比应在变压器阻抗电压值（%）的 1/10 以内，但不得超过 ±1%
		极性检查	重要	检查变压器的三相接线组别和单相变压器引出线的极性，必须与设计要求及铭牌上的标记和外壳上的符号相符。
		测量与铁芯绝缘的各紧固件（连接片可拆开者）及铁芯（有外引接地线的）绝缘电阻	重要	1. 进行器身检查的变压器，应测量可接触到的穿心螺栓、轭铁夹件及绑扎钢带对铁轭、铁芯、油箱及绕组压环的绝缘电阻，当轭铁梁及穿心螺栓一端与铁芯连接时，应将连接片断开后进行试验。 2. 不进行器身检查的变压器或进行器身检查的变压器，所有安装工作结束后应进行铁芯和夹件（有外引接地线的）的绝缘电阻测量。 3. 铁芯必须为一点接地；对变压器上有专用的铁芯接地线引出套管时，应在注油前测量其对外壳的绝缘电阻。 4. 采用 2500V 绝缘电阻表测量，持续时间为 1min，应无闪络及击穿现象
		测量绕组绝缘电阻、吸收比或极化指数	重要	1. 绝缘电阻值不低于产品出厂试验值的 70%。 2. 当测量温度与产品出厂试验时的温度不符合时，可按下表换算到同一温度时的数值进行比较。

续表

<table>
<tr><th>序号</th><th>项目</th><th>内容</th><th>等级</th><th>要求</th></tr>
<tr><td rowspan="3">3</td><td rowspan="3">隔离变压器试验</td><td>测量绕组绝缘电阻、吸收比或极化指数</td><td>重要</td><td>温度差及换算系数如表 2-6 所示。
表 2-6　　温度差及换算系数
<table><tr><td>温度差 K</td><td>15</td><td>20</td><td>25</td><td>30</td><td>35</td><td>40</td><td>45</td><td>50</td><td>55</td><td>60</td></tr><tr><td>换算系数 A</td><td>1.8</td><td>2.3</td><td>2.8</td><td>3.4</td><td>4.1</td><td>5.1</td><td>6.2</td><td>7.5</td><td>9.2</td><td>11.2</td></tr></table>注：1. 表中 K 为实测温度减去 20℃的绝对值。
2. 测量温度以上层油温为准。
3. 当测量绝缘电阻的温度差不是表中所列数值时，其换算系数 A 可用线性插入法确定，也可按下述公式计算
$$A=1.5K/10$$
校正到 20℃时的绝缘电阻值可用下述公式计算：
当实测温度为 20℃以上时
$$R_{20}=AR_t$$
当实测温度为 20℃以下时
$$R_{20}=R_t/A$$
式中　R_{20}——校正到 20℃时的绝缘电阻值（MΩ）；
R_t——在测量温度下的绝缘电阻值（MΩ）</td></tr>
<tr><td>绕组交流耐压试验</td><td>重要</td><td>1. 额定电压在 10kV 的干式变压器，进行线端交流耐压试验，可承受的最大电压为 24kV。
2. 交流耐压试验可以采用外施工频电压试验的方法，也可采用感应电压试验的方法，波形尽可能接近正弦，试验时应在高压端监测</td></tr>
<tr><td>检查相位</td><td>重要</td><td>必须与电网相位一致</td></tr>
<tr><td rowspan="4">4</td><td rowspan="4">SFC10kV 输入断路器</td><td>主回路绝缘水平</td><td>重要</td><td>工频电压试验：100% 额定工频耐压 1min，如表 2-7 所示。
表 2-7　　工频电压试验
<table><tr><td>耐压类型</td><td>相对地</td><td>相间</td><td>断路器断口</td><td>隔离断口</td></tr><tr><td>耐压峰值（kV）</td><td>42</td><td>42</td><td>42</td><td>49</td></tr></table>应在断路器合闸及分闸状态下进行交流耐压试验。当在合闸状态下进行时，试验电压应符合上表的规定。当在分闸状态下进行时，真空灭弧室断口间的试验电压应按产品技术条件的规定。试验中不应发生贯穿性放电</td></tr>
<tr><td>辅助回路和控制回路</td><td>重要</td><td>绝缘电阻不小于 10MΩ</td></tr>
<tr><td>主回路电阻的测量</td><td>重要</td><td>按厂家标准要求</td></tr>
<tr><td>操作设备的连锁能力的试验</td><td>重要</td><td>1. 金属封闭铠装移开式交流高压开关柜应具备防止误分、合断路器，防止带负荷分、合隔离插头，防止接地开关合上时（或带接地线）送电，防止带电合接地开关（或挂接地线），防止误入带电隔室等五项措施。
2. 开关柜应具备安装电气联锁的条件，对于主回路必须满足以下要求：
（1）在维修时，用来保证隔离间隙的主回路上的高压断路器应确保不自合。
（2）接地开关合闸后应确保不自分。
（3）隔离插头与相关的断路器之间、隔离插头与接地开关之间应有可靠的机械联锁。其联锁逻辑的设置，应用图表表示清楚，并取得用户同意</td></tr>
</table>

续表

<table>
<tr><th>序号</th><th>项目</th><th>内容</th><th>等级</th><th>要求</th></tr>
<tr>
<td>4</td>
<td>SFC10kV输入断路器</td>
<td>机械动作试验（对开关操作设备）</td>
<td>重要</td>
<td>
1. 合闸操作。
（1）当操作电压、液压在表 2–8 所示范围内时，操动机构应可靠动作。
表 2–8　断路器操动机构合闸操作试验电压、液压范围
<table>
<tr><td colspan="2">电压</td><td rowspan="2">液压</td></tr>
<tr><td>直流</td><td>交流</td></tr>
<tr><td>（85%~110%）U_n</td><td>（85%~110%）U_n</td><td>按产品规定的最低及最高值</td></tr>
</table>
注：对电磁机构，当断路器关合电流峰值小于 50kA 时，直流操作电压范围为 80%~110%U_n。U_n 为额定电源电压。
（2）弹簧、液压操动机构的合闸线圈以及电磁操动机构的合闸接触器的动作要求，均应符合上项的规定。
2. 脱扣操作。
（1）直流或交流的分闸电磁铁，在其线圈端钮处测得的电压大于额定值的 65% 时，应可靠地分闸；当此电压小于额定值的 30% 时，不应分闸。
（2）附装失压脱扣器的，其动作特性应符合表 2–9 的规定。
表 2–9　失压脱扣器
<table>
<tr><td>电源电压与额定电源电压的比值</td><td>小于 35%*</td><td>大于 65%</td><td>大于 85%</td></tr>
<tr><td>失压脱扣器的工作状态</td><td>铁芯应可靠地释放</td><td>铁芯不得释放</td><td>铁芯应可靠地吸合</td></tr>
</table>
* 当电压缓慢下降至规定比值时，铁芯应可靠地释放。
（3）附装过流脱扣器的，其额定电流规定不小于 2.5A，脱扣电流的等级范围及其准确度，应符合表 2–10 的规定。
表 2–10　脱扣电流
<table>
<tr><td>过流脱扣器的种类</td><td>延时动作的</td><td>瞬时动作的</td></tr>
<tr><td>脱扣电流等级范围 (A)</td><td>2.5 ~ 10</td><td>2.5 ~ 15</td></tr>
<tr><td>每级脱扣电流的准确度（%）</td><td colspan="2">± 10</td></tr>
<tr><td>同一脱扣器各级脱扣电流准确度（%）</td><td colspan="2">± 5</td></tr>
</table>
注：对于延时动作的过流脱扣器，应按制造厂提供的脱扣电流与动作时延的关系曲线进行核对。另外，还应检查在预定时延结束前主回路电流降至返回值时，脱扣器不应动作。
3. 模拟操动试验。
（1）当具有可调电源时，可在不同电压、液压条件下，对断路器进行就地或远控操作，每次操作断路器均应正确，可靠地动作，其联锁及闭锁装置回路的动作应符合产品及设计要求；当无可调电源时，只在额定电压下进行试验。
（2）直流电磁或弹簧机构的操动试验，应按表 2–11 的规定进行。
表 2–11　直流电磁或弹簧机构的操动试验
<table>
<tr><td>操作类别</td><td>操作线圈端钮电压与额定电源电压的比值 (%)</td><td>操作次数</td></tr>
<tr><td>合、分</td><td>110</td><td>3</td></tr>
<tr><td>合</td><td>85（80）</td><td>3</td></tr>
<tr><td>分</td><td>65</td><td>3</td></tr>
<tr><td>合、分、重合</td><td>100</td><td>3</td></tr>
</table>
注：括号内数字适用于装有自动重合闸装置的断路器。
</td>
</tr>
</table>

续表

<table>
<tr><th>序号</th><th>项目</th><th>内容</th><th>等级</th><th>要求</th></tr>
<tr><td rowspan="9">5</td><td rowspan="9">SFC 切换开关</td><td>辅助回路和控制回路绝缘电阻测量</td><td>重要</td><td>绝缘电阻不小于 10MΩ</td></tr>
<tr><td>断路器的合闸时间、分闸时间和三相分、合闸同期性测量</td><td>重要</td><td>应符合制造厂规定</td></tr>
<tr><td>导电回路电阻测量</td><td>重要</td><td>1. 交接时应符合制造厂规定。
2. 测量电流不小于 100A</td></tr>
<tr><td>操动机构分、合闸线圈的最低动作电压测量</td><td>重要</td><td>1. 操动机构分、合闸线圈的最低动作电压应在操作电压额定值的 30%~65%。
2. 操动机构分、合闸线圈通流时的端电压为操作电压额定值的 80% 时应可靠动作</td></tr>
<tr><td>合闸接触器和分合闸线圈的绝缘电阻和直流电阻测量</td><td>重要</td><td>绝缘电阻应大于 2MΩ</td></tr>
<tr><td>分合闸线圈直流电阻测量</td><td>重要</td><td>直流电阻应符合制造厂规定</td></tr>
<tr><td>主回路绝缘电阻试验</td><td>重要</td><td>应符合制造厂规定</td></tr>
<tr><td>断路器交流耐压试验</td><td>重要</td><td>断路器交流耐压试验如表 2-12 所示。
表 2-12　　断路器交流耐压试验
<table>
<tr><td rowspan="2">额定电压（kV）</td><td colspan="2">出厂试验电压（kV）</td><td colspan="2">现场试验电压（kV）</td></tr>
<tr><td>相对地、相间及断路器断口</td><td>隔离断口</td><td>定开距断路器</td><td>真空开关、罐式断路器、GIS 相对地、相间及断口</td></tr>
<tr><td>12</td><td>42/30</td><td>48/36</td><td>34/24</td><td>42/30</td></tr>
</table>
注：斜线下数值为中性点接地系统使用数值，亦为湿试时数值。</td></tr>
<tr><td rowspan="4">6</td><td rowspan="4">机端隔离开关</td><td>测量绝缘电阻</td><td>重要</td><td>不小于 3000mΩ</td></tr>
<tr><td>交流耐压试验</td><td>重要</td><td>符合下述规定：三相同一箱体的负荷开关，应按相间及相对地进行耐压试验，其余均按相对地或外壳进行</td></tr>
<tr><td>隔离开关导电回路的电阻值</td><td>重要</td><td>测量负荷开关导电回路的电阻值，宜采用电流不小于 100A 的直流压降法。测试结果，不应超过产品技术条件规定</td></tr>
<tr><td>检查操动机构线圈的最低动作电压</td><td>重要</td><td>应符合制造厂的规定</td></tr>
</table>

续表

序号	项目	内容	等级	要求
6	机端隔离开关	操动机构的试验	重要	1. 动力式操动机构的分、合闸操作，当其电压在下列范围时，应保证隔离开关的主闸刀或接地闸刀可靠地分闸和合闸。 （1）电动机操动机构：当电动机接线端子的电压在其额定电压的80%~110% 范围内时。 （2）二次控制线圈和电磁闭锁装置：当其线圈接线端子的电压在其额定电压的 80%~110% 范围内时。 2. 隔离开关、负荷开关的机械或电气闭锁装置应准确可靠
7	系统静态试验	开关量输入、输出试验	重要	1. 根据端子排图，短接正电与相应开入。 2. 记录 SFC 控制柜开入量变化情况。 3. 比较各开入量接线等是否正确。 4. SFC 进入试验状态，将各开出量依次置位。 5. 比较各开出量接线等是否正确
		电流、电压采样试验	重要	1. 对网桥、机桥加 57.7V 三相平衡电压，观察采样结果。 2. 对网桥、机桥施加 1A 三相平衡电流，观察采样结果。 3. 对网桥分别施加工频 50%、100%、120% 额定电压，观察采样结果。 4. 对机桥分别施加 15、25、50Hz 不同频率电压，观察采样结果
		直流量采样试验	重要	1.SFC 进入试验状态，修改 DA 通道输出的 0~20mA 电流值并记录采样结果。 2. 对 SFC 的 AD 通道输入一个 0~20mA 电流值，观察 SFC 采样结果
		阀触发试验	重要	1. 在网桥 1 三相电压输入端接入三相 380V 电源，将网桥 1 直流侧母线解开。 2.SFC 进入试验状态，选择阀触发试验。 3. 通过录波器对各晶闸管两端电压进行录波，观察晶闸管导通与关断情况。 4. 对网桥 2，机桥柜重复试验
		小电流实验	重要	使用假负载，AC 380V 电源，模拟各功率桥工作状态
		系统联调试验	重要	通过在 DCS、机组保护、励磁系统和 SFC 各处模拟系统故障，检查各系统间的故障信号可靠送给各系统
		低压大电流试验	重要	1. 试验时，将变流设备的直流输出端直接或通过电抗器短路，交流输入端所施加的交流电压应加至能产生连续额定直流电流输出；交流设备的控制设备和辅助装置的工作电源，应单独用其额定电压供电。 2. 在额定电流下，按产品技术文件规定的连续通电时间检查变流设备各部件和主回路各电气连接点的温升，不应该超过产品技术文件的规定，且不应有局部过热现象。 3. 负载可使用等负载或实际负载，试验条件不应低于额定条件。试验时，应调整整流变流设备的输入电压至额定值，再对可调节输出的变流设备作相应调节，应使其输出电压。负载电流等于额定值。 4. 检查变流设备应运行正常，各部件和主回路各电气连接点的温升，不应超过产品技术文件的规定
8	系统动态试验	转子通流试验	重要	1. 检查 SFC 系统接线等正常。 2. SFC 进入试验状态。 3. 选择转子通流试验。 4. 录波记录转子位置检测结果
		定子通流试验	重要	1. 断开电机转子回路。 2. 闭合 SFC 至机端回路。 3. SFC 进入定子通流模拟状态，模拟强迫换相状态

续表

序号	项目	内容	等级	要求
8	系统动态试验	SFC 启动试验	重要	1. SFC 启动前，人工再核查一遍各开关道闸位置，线路电缆连接情况。 2. SFC 进入一键启动流程。 3. 记录各开关量的变化情况。 4. 在脉冲换相阶段，负载换相阶段分别录波。 5. 记录 SFC 将一键启动至退出的时间。 6. 多次重复试验
		SFC 快速再启动试验	重要	1. 人为收紧同期窗口，制造同期失败情况。 2. 在同期并网失败后，在不同的转速下令 DCS 进入快速再启动流程，发启动令。 3. 记录各开关量的变化情况并录波。 4. 机组快速再启动后重复多次试验
		SFC 启动过程中谐波测量试验	重要	1. 在不同转速下，对 SFC 系统 10kV 侧电压、电流波形进行录波。 2. 计算不同转速下谐波电压 THD 与谐波电流情况 THDi。 3. 多次重复试验
		系统联调试验	重要	通过在 DCS、机组保护、励磁系统和 SFC 各处模拟系统故障，检查各系统间的故障信号可靠送给各系统

2.3 热工控制系统

2.3.1 到场监督

序号	项目	内容	等级	要求
1	设备拆箱	设备外观检查	一般	1. 设备外观检查，应无破损、变形和锈蚀等情况。 2. 设备铭牌、标志、接地栓、接地符号应符合要求。 3. 设备屏柜表面无破损、漆面均匀。 4. 柜内部各元器件、板卡、装置无磕碰。 5. 屏内厂家二次接线整洁。 6. 设备开箱完好，外观无损坏，未受潮
		元器件完整性检查	重要	1. 应按装箱单核对设备及其附件、备品、备件、专用仪器、专用工具的型号、规格、数量和技术资料并应会签确认。 2. 精密、贵重设备开箱检查后，应恢复其必要的包装，并应妥善保管
2	设备保管	已开箱检验的设备	重要	1. 测量仪表、控制装置、监视和控制系统硬件、电子装置机柜等精密设备，宜存放在温度为 5~40℃ 、相对湿度不大于 80% 的保温库内。 2. 控制盘（台、箱、柜）、执行机构、电线、阀门、有色金属、合金钢材、管件及一般电气设备，应存放在干燥的封闭库内。 3. 管材应分类存放在棚库内并应有明确标识，不锈钢管的保管应采取防渗碳隔离措施。 4. 电缆盘应包装完整、直立存放，存放场所的地基应坚实并易于排水，在露天堆放场内应避免直接曝晒
		其他	一般	1. 设备由温度低于 –5℃ 的环境移入保温库时，应在库内放置 24h 后再开箱。 2. 凡到现场后不得随意打开防腐包装的设备，应按合同约定办理交接手续。包装箱外（或内）有湿度指示器、振动指示器或倾斜指示器时，开箱前（或后）应检查指示器并作记录

2.3.2 安装监督

序号	项目	内容	等级	要求
1	取源部件及敏感元件的安装	一般规定	重要	1. 取源（压力、流量、温度等）部件及敏感元件应设置在能真实反映被测介质参数，便于维护检修且不易受机械损伤的工艺设备或工艺管道上。 2. 取源部件及敏感元件不应设置在人孔、看火孔、防爆门及排污门附近。 3. 取源部件的开孔、施焊及热处理工作，应在管道衬里或热力设备清洗和严密性试验前进行。不得在已封闭和保温的热力设备或管道上开孔、施焊，必须进行时，应采取相应的措施并应办理审批手续。 4. 取源部件的材质应与热力设备或管道的材质相符，并应有质量合格证件。 5. 合金钢部件，取源管安装前、后，必须经光谱分析复查合格，并应作记录。 6. 在热力设备和压力管道上开孔，应采用机械加工的方法；风压管道上开孔可采用气体火焰切割，但孔口应打磨光洁。 7. 安装取源部件时，插座和接管座不得设置在焊缝或热影响区内。 8. 取源部件的垫片材质应按规定选用。另按照上海电气专家意见，水系统用的垫片应采用聚四氟乙烯垫。 9. 按介质流向，相邻两测点之间的距离应大于被测管道外径，且不得小于 200mm；当压力取源部件和测温元件在同一管段上邻近装设时，压力在前，温度在后。 10. 取源部件与管道之间应加装隔离阀门。 11. 取源阀门应靠近测点，便于操作，固定牢固，不应影响主设备热态位移。取源阀门的型号、规格，应符合设计要求。 12. 顶轴油系统的取源阀门应采用焊接的方式连接，其他系统阀门宜选用外螺纹连接。取源阀门前不得采用卡套式接头。 13. 取源阀门应参加主设备的严密性试验。 14. 取源部件或敏感元件安装后，应有标明设计编号、名称及用途的标识牌
		测温	重要	1. 测温元件应装在测量值能代表被测介质温度处，不得装在管道和设备的死角处。 2. 测量容积较大的设备和管道温度时，应该采用多点取样并取平均值的方式。 3. 热电阻装在隐蔽处或机组运行中人无法接近的地方时，其接线端应引到便于检修处。 4. 测温元件的安装应符合下列规定： （1）清除温度插座内部的氧化层，并在螺纹上涂抹防锈或防卡涩材料。 （2）测温元件与插座之间应装密封垫片，并保证安装后接触面严密。 5. 在直径为 76mm 以下的管道上安装测温元件时，如无小型测温元件，宜采用装扩大管的方法安装。 6. 双金属温度计应装在便于监视和不易遭受机械损伤的地方，其感温元件应全部浸入被测介质中。 7. 测量金属温度的测温元件，其测量端应紧贴被测表面且接触良好，被测表面有保温设施的应一起加以保温。 8. 测量轴瓦温度的备用测温元件，应将其引线引至接线盒端子排
		压力	重要	1. 压力测点位置的选择应符合下列规定： （1）测量管道压力的测点，应设置在流速稳定的直管段上，不应设置在有涡流的部位。 （2）压力取源部件与管道上调节阀的距离：上游侧应大于 2 倍工艺管道内径；下游侧应大于 5 倍工艺管道内径。 （3）测量较大容器微压、负压时，宜采用多点取样取平均值的方式。 （4）润滑油压测点，应选择在油管路末段压力较低处。 2. 压力取源部件的端部不得超出被测设备或管道的内壁，取压孔和取源部件均应无毛刺

续表

序号	项目	内容	等级	要求
1	取源部件及敏感元件的安装	流量	重要	1. 安装前应对节流件的外观及节流孔直径进行检查和测量。 2. 节流件应安装在邻近节流件上游至少 2 倍管道内径长度范围内，其管道内径任何断面上的偏差平均值应为 ±0.3% 。 3. 节流装置取压口的轴线应与管道轴线相交，并应与其呈直角。取压口的内边缘应与管道内壁平齐。 4. 节流装置的差压用均压环取压时，上、下游侧取压孔的数量应相等，同一侧的取压孔应在同一截面上均匀设置。 5. 节流件在管道中安装应垂直于管道轴线。 6. 新装管路系统应在管道冲洗合格后再进行节流件的安装
		物位	重要	1. 物位测点应选择在介质工况稳定处，并应满足仪表测量范围的要求。 2. 电接点水位计的测量筒应垂直安装，垂直偏差不得大于 2° ，其底部应装设排污阀门。筒体零水位电极的中轴底部水平线与被测容器的零水位线应处于同一高度。 3. 双法兰液位变送器的毛细管敷设弯曲半径应大于 75mm 且不得扭折，两毛细管应在相同环境温度下。 4. 外浮筒液位计的浮筒室壳体上的中线标识表示测量范围中点，浮筒安装标高应符合设计要求的测量范围。 5. 内浮筒液位计及浮球液位计采用导向管时，导向管应垂直安装。导向管和下挡圈均应固定牢靠，并使浮筒位置限制在所检测的量程内
		机械量	重要	1. 电涡流式传感器与被检测金属间的安装间隙，应根据产品技术文件提供的输出特性曲线所确定的线性中点位置而定。传感器与前置器之间连接的高频电缆型号、长度不得任意改变，高频接头应用热缩套管密封并绝缘浮空。前置器安装地点环境温度和是否浮空应符合制造厂产品技术文件要求。 2. 转速测量传感器安装应符合下列规定： （1）电涡流式传感器端面与被测轴之间的间隙，若轴标记为缺口时，应按轴的平滑面确定，若轴标记为凸台时，应按凸台面来确定。 （2）传感器的安装支架应有足够的刚度防止变形，并应有防松动的措施。 3. 当调相机轴承座要求与地绝缘时，传感器外壳应对地浮空
		高阻检漏仪	重要	调相机高阻检漏仪的两电极安装后，应检查极间绝缘
2	就地检测和控制仪表的安装	一般规定	重要	1. 就地仪表安装环境应光线充足，满足操作维修和运行检查的要求，仪表安装高度、位置应便于运行和维护人员巡检。 2. 就地仪表安装环境应远离热源、振动源、干扰源及腐蚀性场所，环境温度、振动、干扰及腐蚀性应符合仪表使用要求。 3. 仪表安装前应进行检查、检定。仪表应有标明测量对象、用途和编号的标识牌：就地仪表应在表壳右侧、盘表应在表背面粘贴计量检定合格标签。 4. 就地仪表安装在露天场所应有防雨、防冻措施，在有粉尘的场所应有防尘密封措施
		压力和差压指示仪表及变送器	重要	1. 就地安装的指示仪表，其刻盘中心距地面的高度宜为：压力表，1.5m；差压计，1.2m。 2. 测量水及油的就地压力表的安装应符合下列规定： （1）所测介质公称压力大于 6.4MPa 或管路长度大于 3m 时，除取源阀门外，应配置仪表阀门。 （2）当被测介质温度高于 60℃时，就地压力表仪表阀门前应装设 U 形或环形管。 3. 测量真空的指示仪表或变送器应设置在高于取源部件的地方。 4. 低量程变送器安装位置与测点的标高差应满足变送器零点迁移范围的规定。 5. 测量液体流量时，差压变送器的设置应低于取源部件；测量气体压力或流量时，差压变送器应高于取源部件的位置，否则应采取放气或排水措施。 6. 变送器宜布置在靠近取源部件和便于维修的地方，并适当集中

续表

序号	项目	内容	等级	要求
2	就地检测和控制仪表的安装	开关量仪表	重要	1. 开关量仪表安装前应进行外观检查，应安装在便于调整、维护、振动小和安全的地方。 2. 开关量仪表应安装牢固，触点动作应灵活可靠。 3. 轴承润滑油压力开关应与轴承中心标高一致，否则整定时应考虑液柱高度的修正值。为便于调试应装设排油阀及调校用压力表，排油管道应引至主油箱或回油管上。 4. 安装浮球液位开关时，法兰孔的安装方位应保证浮球的升降在同一垂直面上；法兰与容器之间连接管的长度，应保证浮球能在全量程范围内自由活动。液位开关不应靠近热源以免引起开关、电缆损坏
		分析仪表	重要	1. 分析仪表的安装应符合产品技术文件的要求，并应满足下列规定： （1）分析仪表应安装在便于维护、环境温度变化不大的地方，有恒温要求者应装在恒温箱内。 （2）分析仪表安装处应不受振动、灰尘、强烈辐射和电磁干扰的影响。 （3）分析仪表装置接地应符合产品技术文件的要求。 2. 进入分析仪表的介质参数应符合其要求，压力、温度较高时，应有减压和冷却装置，冷却水源应可靠，水质洁净。 3. 分析仪表的溢水管下应有排水槽和排水管，废液不得从排水槽溢出
		执行器	一般	1. 执行机构安装前应进行下列检查： （1）执行机构动作应灵活，无松动及卡涩等现象。 （2）电动执行机构绝缘电阻应合格，通电试转动作应平稳，开度指示无跳动。 2. 调节机构的动作应平稳、灵活，无松动及卡涩现象，并能全关和全开。调节机构上应有明显的和正确的开、关标识，布置位置、角度和方向应满足执行机构的安装要求。 3. 执行机构应有明显的开、关方向标识，其手轮操作方向的规定应一致，宜顺时针为“关”、逆时针为“开”。 4. 阀门电动装置的检查应符合下列规定： （1）电气元件应齐全、完好，内部接线正确。 （2）行程开关、力矩开关及其传动机构动作应灵活可靠。 （3）绝缘电阻应合格。 （4）电动机外观检查有异常时，应解体检修。 5. 电磁阀的安装应符合下列规定： （1）安装前应检查电磁阀的电压等级，铁芯应无卡涩现象。 （2）安装时宜避开高温管道、设备。 6. 调节阀阀体上箭头的指向应与介质流动的方向一致；调节阀的阀位指示应清晰、准确，并应在调节阀调试中同步进行核对和标定
3	控制盘（台、箱、柜）的安装	控制盘安装	重要	1. 控制室和电子设备室的盘柜安装应在建筑装饰装修基本完成后进行。当设备或设计有特殊要求时，尚应满足其要求。 2. 搬运和安装控制盘时，不得损坏盘上的设备，并应采取防振、防潮、防止框架变形和漆面受损等措施。必要时可将装置性设备和易损元件拆下单独包装运输。当产品有特殊要求时，应符合产品技术文件的要求。 3. 控制盘的型钢底座应按施工图制作，其尺寸与控制盘相符，安装后的允许偏差应符合表 2-13 规定：

续表

<table>
<tr><th>序号</th><th>项目</th><th>内容</th><th>等级</th><th>要求</th></tr>
<tr><td rowspan="2">3</td><td rowspan="2">控制盘（台、箱、柜）的安装</td><td>控制盘安装</td><td>重要</td><td>
表 2–13　　允许偏差
<table>
<tr><td rowspan="2">项目</td><td colspan="2">允许偏差</td></tr>
<tr><td>mm/m</td><td>全长（mm）</td></tr>
<tr><td>不直度</td><td>＜1</td><td>＜5</td></tr>
<tr><td>水平度</td><td>＜1</td><td>＜5</td></tr>
<tr><td>位置偏差及不平行度</td><td>—</td><td>＜5</td></tr>
</table>
4. 盘柜底座应在地面二次抹面前安装，并应固定牢固、接地可靠，安装后直高出地面 10~20mm 。
5. 控制盘安装前应作如下检查：
（1）盘面应平整，内、外表面漆层应完好。
（2）盘柜的外形尺寸、仪表安装孔尺寸、盘装仪表和电气设备的型号及规格等应符合设计要求。
6. 控制盘安装在振动较大的地方，应有减振措施。
7. 盘柜间应连接紧密、牢固，安装应使用防腐蚀的螺栓、螺母、垫圈等。
8. 控制盘单独或成列安装时，其垂直度、水平偏差及盘面偏差和盘间接缝的允许偏差应符合表 2–14 的规定：
表 2–14　　允许偏差
<table>
<tr><td colspan="2">项目</td><td>允许偏差（mm）</td></tr>
<tr><td colspan="2">垂直度</td><td>＜1.5</td></tr>
<tr><td rowspan="2">水平偏差</td><td>相邻两盘顶部</td><td>＜2</td></tr>
<tr><td>成列盘顶部</td><td>＜5</td></tr>
<tr><td rowspan="2">盘面偏差</td><td>相邻两盘边</td><td>＜1</td></tr>
<tr><td>成列盘面</td><td>＜5</td></tr>
<tr><td colspan="2">盘间接缝</td><td>＜2</td></tr>
</table>
9. 盘内不得进行电焊和气焊作业，以免烧坏油漆及损伤导线绝缘，必要时应采取防护措施。
10. 控制盘柜接地应按本作业指导书接地部分要求进行接地。
11. 盘、柜内防火封堵应严密，所采用的防火封堵及阻燃材料应符合设计要求。
12. 盘、柜、箱、接线盒等安装，应符合下列规定：
（1）应安装在周围温度不宜高于 45℃，振动小，不受汽水浸蚀，不影响通行，便于接线和维护的地方。
（2）端子箱、接线盒应密封，并应有命名编号，内附接线图
</td></tr>
<tr><td>盘上仪表及设备安装</td><td>重要</td><td>
1. 控制室仪表及设备安装应符合下列规定：
（1）机柜、显示器安装应在室内建筑装饰工程结束后进行。
（2）电子设备室内机柜上的模件安装应在空调投入后进行，并应采取防静电措施。
（3）模件清理时应用防静电吸尘器进行除尘。
（4）模件的编址与对应接插件位置正确，插头接触良好。
2. 仪表安装后，盘上不应进行会产生强烈振动的工作。
3. 仪表安装应牢固、平整。质量较大的仪表应安装托架，避免盘面变形。
4. 继电器、接触器、开关的触点应动作灵活，接触紧密可靠，无锈蚀或损坏。
5. 盘内电气设备应设置在便于操作、检查和维修的地方，并应排列整齐，固定牢固。
</td></tr>
</table>

续表

序号	项目	内容	等级	要求
3	控制盘（台、箱、柜）的安装	盘上仪表及设备安装	重要	6. 盘内电缆、导线、表管应固定牢固，排列整齐、美观。 7. 盘内部连接导线，除了插件的连接采用单芯多股软线外，其他宜采用单芯单股绝缘线。 8. 导线、仪表管与仪表连接时，不得使仪表承受机械力，并应使仪表便于拆装。 9. 盘内表管不得妨碍仪表设备的拆装，并应单独排列，与导线保持适当距离，以免损伤导线。 10. 盘上仪表及设备的标牌、铭牌、端子，应完整、正确、清晰并置于明显的位置。 11. 仪表及控制装置的接地应符合本作业指导书“接地”的规定。 12. 在压力表盘内安装电气设备时，应有防水措施。 13. 抽屉式配电柜的抽屉应符合下列要求： （1）抽屉推拉应灵活、轻便、无卡阻现象，同规格、型号的抽屉应能互换。 （2）抽屉的机械闭锁或电气连锁装置应动作正确、可靠，断路器分闸后辅助触头方能分开。 （3）抽屉与柜体间的动力回路、二次回路连接插件接触应良好。 14. 大屏幕显示器的安装应符合产品技术文件的要求，支架固定应牢靠
		计算机及附属系统安装	重要	1. 计算机及其设备应在控制室门窗、地面、墙壁、吊顶、暖通系统等施工完毕后进行安装。 2. 计算机及其设备型号规格应符合设计，外观应完整，无损伤，附件应齐全、完好。 3. 计算机的预制电缆应敷设在带盖板的电缆槽盒中，金属电缆槽盒与盖板应接地良好。 4. 下列信号电缆不应通过计算机电缆槽内敷设： （1）电压不小于 60V 或电流大于 0.2A 的仪表信号电缆。 （2）没有抗干扰措施的开关量输入、开关量输出信号电缆。 5. 计算机预制电缆与其他电缆敷设在同一电缆通道时，计算机预制电缆槽宜布置在最下层；计算机预制电缆与一般控制电缆，允许在带有中间隔板的同一槽中敷设
4	电线和电缆的敷设及接线	一般规定	一般	1. 电缆桥架、电缆保护管的布置应考虑热力系统的膨胀。 2. 在不允许焊接支架的承压容器或管道上安装电缆保护管或电缆支、吊架时，应采用 U 形螺栓、抱箍或卡子固定。 3. 在有爆炸和火灾危险的环境中敷设电线和电缆时，应符合有关规定。 4. 引至设备的电缆保护管管口位置，应便于与设备连接并不妨碍设备拆装和进出。并列敷设时，管口应排列整齐。 5. 整根电缆保护管应自成一体，中间不得中断。电缆保护管与设备之间的连接宜采用金属软管。其施工应符合有关规定，金属软管两端接口应使用专用接头附件连接。 6. 电缆保护管的制作应采用机械加工，不得使用电焊、气体火焰切割或煨弯；电缆保护管配置前，应检查管内通畅无杂物；电缆保护管安装后，电线、电缆敷设前，管口应始终处于临时封闭状态。 7. 光缆的敷设环境温度应符合产品技术文件的要求。 8. 测量和控制回路接线后测试绝缘时，应采取防止弱电设备损坏的安全技术措施

续表

序号	项目	内容	等级	要求
4	电线和电缆的敷设及接线	电缆支吊架、电缆桥架安装	重要	1. 电缆桥架结构类型、层间距离、支吊架跨距、防腐类型等应符合设计要求，铝合金桥架在钢制吊架上固定时，应有防电化腐蚀的措施。 2. 电缆桥架的连接、变径、转弯时，应使用配套的附件连接，螺栓应由内向外穿，螺母应位于桥架外侧。桥架加工配制应采用机械切割。 3. 电缆桥架的结构，应满足强度、刚度及稳定性要求；钢制托臂在允许承载下的偏斜与臂长比值，不宜大于 1/100；桥架在允许均布承载作用下的相对挠度值，应符合下列规定： （1）钢制桥架不宜大于 1/200。 （2）铝合金制桥架不宜大于 1/300。 4. 当直线段钢制电缆桥架超过 30m、铝合金或玻璃钢电缆桥架超过 15m 及电缆桥架跨越建筑物伸缩缝时，桥架应设置伸缩缝，其连接宜采用伸缩连接板，两端应采用截面积不小于 $4mm^2$ 的多股软铜导线端部压镀锡铜鼻子可靠跨接。 5. 电线线槽的加工尺寸应准确，应平整、内部光洁，无毛刺；线槽的安装应横平竖直、排列整齐，其上部与楼板之间应留有便于操作的空间。 6. 电缆桥架和槽盒的盖板应固定牢靠，便于拆卸。 7. 通道处的电缆桥架宜高出地面 2.2m 以上。电线槽和电缆桥架顶部距楼板不宜小于 300mm；在过梁或其他障碍物处，不宜小于 50mm。 8. 金属桥架应有可靠的电气连接并接地可靠。使用玻璃钢桥架，应沿桥架全长另敷设专用接地，其施工应符合本作业指导书“接地”部分的规定。 9. 直接支持电缆用的普通型支架在水平敷设时，支架间距应小于 0.8m；垂直敷设时，支架间距应小于 1m，层间净距应大于 250mm，在同一直线段上的支架间距应均匀，层间距离应相同。 10. 电缆与测量管路成排作上下层敷设时，其间距不宜小于 200mm。 11. 电缆支架应固定牢固、横平竖直、整齐美观，各支架的同层横档应在同一水平面上，允许偏差为 5mm，电缆桥架支吊架沿桥架走向左右允许偏差为 10mm。 12. 垂直敷设的电缆支架，自地面或楼板 2m 高的区域内应设置护栏或保护罩。电缆穿过平台时，应加保护管或保护框，其高度不宜低于 1m。电缆在穿墙、埋于地下及容易受到外界碰伤时，也应加装保护管
		电线、电缆的敷设及固定	重要	1. 电线和补偿导线应敷设在金属电线管或线槽内，环境温度对电线的影响应满足正常使用时导体的温度，且不高于其规定的最高温度，否则应采取防护措施。 2. 轴承箱内的电线应采用耐油、耐高温绝缘软线。电线应固定牢固、拆装方便，其引出口应有密封连接器件等防止渗油的措施。 3. 电缆线芯的材质、型号、规格应符合设计要求。 4. 计算机信号电缆的选型应符合设计要求，设计未作规定时可按相关规定选用。 5. 计算机信号电缆与强电控制电缆不得敷设在一根保护管内 6. 电缆敷设路径应符合设计要求并满足下列规定： （1）电缆应避开人孔、设备起吊孔、窥视孔、防爆门及易受机械损伤的区域；敷设在热力设备和管路附近的电缆不应影响设备和管路的拆装。 （2）电缆敷设区域环境温度对电缆的影响应满足正常使用时电缆导体的温度不应高于其长期允许工作温度，明敷的电缆不宜平行敷设于热力管道上部，控制电缆与热力管道之间无隔板防护时，相互间距平行敷设时电缆与热力管道保温应大于 500mm，交叉敷设应大于 250mm，与其他管道平行敷设相互间距应大于 100mm。

续表

序号	项目	内容	等级	要求
4	电线和电缆的敷设及接线	电线、电缆的敷设及固定	重要	（3）电缆不应在油管路及腐蚀性介质管路的正下方平行敷设，且不应在油管路及腐蚀性介质管路的阀门或接口的下方通过。 7. 电缆敷设在易积粉尘、易燃的地方及对有抗干扰要求的弱电信号电缆，应采用封闭的电缆托盘、槽盒或电缆保护管。 8. 搬运电缆时不应使电缆松散及受伤，电缆盘应按电缆盘上箭头所指方向滚动。 9. 电缆的敷设应在电缆支架和保护管安装结束后进行。 10. 敷设电缆时周围环境温度低于下列数值时应采取措施，否则不宜敷设： （1）耐寒护套控制电缆，-20℃。 （2）橡皮绝缘聚氯乙烯护套控制电缆，-15℃。 （3）聚氯乙烯绝缘和护套控制电缆，0。 11. 电缆在桥架上的排列顺序应符合设计要求，信号电缆、控制电缆与动力电缆宜按自下而上的顺序排列。每层桥架上的电缆可紧靠或重叠敷设，但重叠不宜超过 4 层。 12. 信号电缆与动力电缆之间的距离应符合设计要求，设计未作规定时其最小距离应符合规定。 13. 电缆、光缆的最小弯曲半径应符合下列规定： （1）无铠装层的电缆，应不小于电缆外径的 6 倍。 （2）有铠装或铜带屏蔽结构的电缆，应不小于电缆外径的 12 倍。 （3）有屏蔽层结构的软电缆，应不小于电缆外径的 6 倍。 （4）阻燃电缆，不应小于电缆外径的 8 倍。 （5）氟塑料绝缘及护套电缆，不应小于电缆外径的 10 倍。 （6）光缆，不应小于光缆外径的 15 倍（静态）和 20 倍（动态）。 14. 电缆跨越建筑物伸缩缝处，应留有备用长度。 15. 不得敷设有明显机械损伤的电缆。电缆敷设时应防止由于电缆之间及电缆与其他硬质物体之间摩擦引起的机械损伤。 16. 电缆敷设应按顺序排列整齐，绑扎固定，不宜交叉，宜在以下部位设置绑扎点： （1）垂直敷设时，在每一支架上。 （2）水平敷设时，在直线段的首末两端及每间隔 5~10m 处。 （3）电缆拐弯处。 （4）穿越保护管的两端。 （5）电缆引入表盘前 300~400mm 处。 （6）引入接线盒及端子排前 150~300mm 处。 17. 电缆敷设后应及时挂装标识牌，并符合下列要求： （1）电缆终端头处应挂装标识牌。 （2）标识牌应有编号、电缆型号、规格及起止地点，字迹应清晰不易脱落。 （3）标识牌规格统一，应能防腐，挂装牢固。 18. 电缆通过电缆沟、竖井、建筑物及进入盘柜时，出、入口应按设计要求进行封堵。 19. 电缆沟道、电缆桥架和竖井等采取的防火封堵措施，应符合本作业指导书“防爆和防火”中第 10 部分的要求
		接线	重要	1. 电缆接线前两端应作电缆头，电缆头可采用热缩型。电缆头应排列整齐、固定牢固。铠装电缆作电缆头时，其钢带应用包箍扎紧。 2. 集中布置盘柜电缆头的高度宜保持一致，电缆头距离盘柜底部高度不宜小于 200mm，分层布置时电缆头距离盘柜底部高度不宜超过 600mm。 3. 盘、柜内的电缆芯线，应垂直或水平有规律地整齐排列，备用芯长度应至最远端子处，并宜有标识，且芯线导体不得外露。

续表

<table>
<tr><th>序号</th><th>项目</th><th>内容</th><th>等级</th><th>要求</th></tr>
<tr><td>4</td><td>电线和电缆的敷设及接线</td><td>接线</td><td>重要</td><td>4. 电缆芯线不应有伤痕，单股线芯弯圈接线时，其弯曲方向应与螺栓紧固方向一致。多股软线芯与端子连接时，线芯应压接与芯线规格相应的终端附件，并用规格相同的压接钳压接。芯线与端子接触应良好，螺栓压接牢固。每个接线端子宜为一根接线，不得超过两根。
5. 芯线在端子的连接处应留有适当的余量，芯线的端头应有明显的不易脱落、褪色的回路编号标识，标识长度及字母排列方向应一致。
6. 电缆、导线不应有中间接头。
7. 屏蔽电缆或屏蔽补偿导线应按相应作业指导书“接地”中第 12 部分的规定进行接地。
8. 光缆芯线终端接线应符合下列规定：
（1）采用光纤连接盒对光纤进行连接、保护，在连接盒中光纤的弯曲半径应符合安装工艺要求。
（2）光纤熔接处应加以保护和固定，使用连接器以便于光纤的跳接。
（3）光纤连接盒面板应有标识。
（4）光纤连接损耗值应符合表 2–15 的规定。
表 2–15　　光纤连接损耗值　　（dB/km）<table><tr><td rowspan="2">连接类别</td><td colspan="2">多模</td><td colspan="2">单模</td></tr><tr><td>平均值</td><td>最大值</td><td>平均值</td><td>最大值</td></tr><tr><td>熔接</td><td>0.15</td><td>0.3</td><td>0.15</td><td>0.3</td></tr></table></td></tr>
<tr><td>5</td><td>管路铺设</td><td>一般规定</td><td>一般</td><td>1. 仪表管的材质及规格应符合设计要求，设计未作规定时，可按相关规定进行选用。
2. 仪表管在安装前应进行检查，所用管材应无裂纹、锈蚀及其他机械损伤。
3. 管子在安装前应进行清理，达到清洁畅通。安装前，管口应临时封闭，避免脏物进入。
4. 管路应按现场具体情况合理敷设，不应敷设在有碍检修，易受机械损伤、腐蚀和有较大振动处。
5. 管路位于隔墙、平台内的管段不应有接口。
6. 管路敷设在地下及穿过平台或墙壁时应加保护管（罩），保护管（罩）的外露长度宜为 10~20mm。保护管（罩）与建筑物之间应密封严密，同一地点高度应一致。
7. 管路沿水平敷设时应有一定的坡度，管路倾斜坡度及倾斜方向应能保证排除气体或凝结液，否则应在管路的最高或最低点装设排气或排水阀门。
8. 敷设管路时，应考虑主设备及管道的热膨胀，并应采取补偿措施，以保证管路不受损伤。
9. 差压测量的正、负压管路，其环境温度应相同，并与高温热表面隔开。
10. 管路敷设应整齐、美观，宜减少交叉和拐弯。
11. 管子接至仪表、设备时，接头应对准不应承受机械应力。
12. 管路的排污阀门应装设在便于操作和检修的地方，其排污情况应能监视。排污阀门下应装有排水槽和排水管并引至地沟。
13. 管路敷设完毕应进行检查，应无漏焊、堵塞和错接等现象。被测介质为液体或蒸汽的导管、阀门、附件可随同主设备一起或按技术规范的标准单独进行严密性试验。空气和风压管路敷设完毕，用压缩空气将管内冲洗干净后，按规定进行严密性试验。
14. 测量管道的防冻措施应符合本作业指导书中“防冻”部分的规定。
15. 管缆的敷设应符合下列规定：
（1）敷设前应进行外观检查，不应有明显的损伤。
（2）敷设路径的环境温度应符合管缆的使用温度。</td></tr>
</table>

续表

序号	项目	内容	等级	要求
5	管路铺设	一般规定	一般	（3）防止管缆受机械损伤和交叉摩擦。 （4）敷设后的管缆长度应留有适当的余量。 （5）管缆的分支处应设接管箱，接管箱的位置应便于检修。 16. 被测介质黏度高或对仪表有腐蚀的压力、差压测量管路上应加装隔离容器。 17. 隔离容器应垂直安装，成对隔离容器内的液体界面应处在同一水平面上。 18. 测量管路的长度应符合设计，未设计时管路最大允许长度不宜超过 50m
		管路弯制和连接	重要	1. 金属管子的弯制应采用冷弯。 2. 管子的弯曲半径，金属管应不小于其外径的 3 倍，塑料管应不小于其外径的 4.5 倍。管子弯曲后应无裂缝、凹坑，弯曲断面的椭圆度不大于 10% 。 3. 管路上需要分支时，应采用与导管相同材质的三通，不得在管路上直接开孔焊接。 4. 导管连接方式应符合设计要求。若设计未规定，可根据导管和被测介质参数选用对口焊接、套管接件焊接、卡套式管接头连接、压垫式管接头连接、胀圈式管接头连接、扩口式管接头连接和法兰连接等方式。导管连接应符合下列规定： （1）导管焊接工作应符合有关规定。 （2）相同直径管子的对口焊接，不得有错口现象，不同直径管子的对口焊接，其内径差不宜超过 2mm，否则应采用变径管。 （3）套管接件焊接的套管接件内径应与导管外径相符。 （4）卡套式管接头连接的接头及装配方法应符合有关规定，装配后卡套的刃口应全部咬进钢管表层，其尾部沿径向收缩，应抱住被连接的管子，不得松脱或径向移动。 （5）压垫式管接头连接和法兰连接的垫片按技术规范选用。 （6）胀圈式管接头连接，装配后胀圈应抱住被连接的管子，不得松脱或径向移动。 （7）扩口式管接头连接的接头及装配方法应符合有关规定。 （8）镀锌铜管的连接，应采用镀锌的螺纹管件连接，不得采用焊接
		导管固定	重要	1. 导管应采用可拆卸的卡子固定在支架上，成排敷设的管路间距应均匀。 2. 不锈钢管路与碳钢支吊架和管卡之间应用不锈钢垫片隔离。 3. 管路支架的安装应牢固、整齐、美观，并符合管路坡度的要求。在不允许焊接支架的承压容器、管道及需要拆卸的设备上安装支架时应采用 U 形螺栓或抱箍固定。 4. 管路支架的间距宜均匀，各种管子的支架距离为： （1）无缝钢管：水平敷设时，1~1.5m；垂直敷设时，1.5~2.0m。 （2）铜管、塑料管：水平敷设时，0.5~0.7m；垂直敷设时，0.7~1.0m
6	防护与接地	防爆和防火	重要	1. 爆炸和火灾危险环境电气装置施工应符合有关规定。 2. 在有爆炸和火灾危险的场所内安装的仪表、电气设备和材料，应具有符合现行国家或部颁防爆质量标准的技术鉴定文件和防爆产品出厂合格证书，防爆电气设备应有“EX”标识，并在安装前检查其规格、型号及其外观，应无损伤和裂纹。 3. 当电缆桥架或电缆沟道通过不同等级的爆炸和火灾危险场所时，在隔墙处应做充填密封。 4. 敷设在爆炸和火灾危险场所的电缆（导线）保护管，应符合下列规定： （1）保护管之间及保护管与接线盒之间，均应采用圆柱管螺纹连接方式，螺纹有效啮合部分应在六扣以上，螺纹处直涂导电性防锈脂，并用锁紧螺母锁紧，不宜缠麻、涂铅泊，连接处应保证有良好的电气连续性。

续表

序号	项目	内容	等级	要求
6	防护与接地	防爆和防火	重要	（2）保护管穿过不同等级爆炸和火灾危险场所的隔墙时，分界处应用防爆管件并充填密封。 （3）保护管与就地仪表、检测元件、电气设备、仪表箱及接线盒等连接时，应安装隔爆密封管件并做充填密封，密封管件充填距离不宜超过 450mm；根据所在场所的危险级别分别采用隔爆型、安全防爆型或防尘型金属软管连接，金属软管的长度不宜超过 450mm。 （4）保护管应采用管卡固定牢固。 5. 线路沿工艺管道敷设时，其位置应在爆炸和火灾危险性较小的一侧，当工艺管道内爆炸和火灾危险介质的密度大于空气密度时，线路应在工艺管道的上方安装，反之应在其下方安装。 6. 现场的接线与分线，应按危险场所和区域类、级别的不同，分别采用防爆型或隔爆密闭型分线箱或接线盒，接线应牢固可靠、接触良好，并应加防松和防脱装置。 7. 集中布置的电缆应按设计要求施工，使防火封堵严密、隔离措施有效。 8. 防火封堵材料应有产品合格证及同批次材料出厂质量检验报告，现场应进行复检。 9. 电缆防火阻燃应采取下列措施： （1）在电缆穿过竖井、墙壁、楼板或进入盘、箱、柜、台的孔洞处，用防火堵料封堵严密。 （2）在电缆沟和隧道中，按设计要求设置防火墙，防火隔离应严密。 （3）在盘、柜、箱底部的电缆应各刷长度为 1~1.5m 的阻燃涂料，涂料厚度不少于 1mm。 （4）在电缆或电缆桥架穿过墙壁、楼板、防火墙两侧的电缆应各刷长度为 1~1.5m 的阻燃涂料，涂料厚度不少于 1mm 。 10. 防火封堵材料的使用应符合制造厂的要求。防火堵料封堵应表面平整、牢固严实，无脱落或开裂。阻燃涂料的涂刷应厚薄均匀，不应漏刷和污染相邻物体。防火包不应板结，堆砌应密实牢固、外观整齐
		防腐	重要	1. 碳铜管路、各类支吊架、电缆桥架、保护管、固定卡、设备底座及需要防腐的金属结构，外露部分无防腐层时，均应涂防锈漆和面漆。 2. 涂漆应符合下列规定： （1）管路的面漆宜在严密性试验后涂刷。 （2）涂漆前应清除表面的铁锈、焊渣、毛刺及油、水等污物。 （3）涂漆宜在 5~40℃环境温度下进行。 （4）多层涂刷时，应在漆膜完全干燥后才能进行下道涂刷。 （5）涂层应均匀、无漏涂，漆膜附着应牢固，无剥落、鼓泡、流痕等现象。 3. 水处理车间的仪表管和电缆不应敷设在地沟内，以免腐蚀
		接地	重要	1. 仪表盘、接线盒、电缆保护管、电缆桥架及有可能接触到危险电压的裸露金属部件应做保护接地。 2. 保护接地应牢固可靠，应接到电气的保护接地网上，但不得串联接地。 3. 金属电缆桥架的接地应符合下列规定： （1）当利用金属桥架作为接地线时，电缆桥架的起始端和终点端应与接地网可靠连接。全长不大于 30m 时，不应少于 2 处与接地网连接；全长大于 30m 时，应每隔 20~30m 增加与接地网的连接点，应保证电气连接的全程贯通。 （2）当变径、转角、伸缩节和桥架连接时，宜采用截面积不小于 $4mm^2$ 的铜绞线且两端压镀锡铜鼻子跨接。

续表

序号	项目	内容	等级	要求
6	防护与接地	接地	重要	（3）镀锌电缆桥架连接板的两端不跨接接地线时，连接板每端应有不少于2个有防松螺帽或防松垫圈的螺栓固定。 4. 利用各种金属构件等作为接地线时，应保证其全程为完好的电气通路；利用串联的金属构件作接地线时，应在其串接部位焊接金属跨接线 5. 不应利用金属软管、管道保温层的金属外皮或金属网及电缆金属护层作接地线，接地线不应作其他用途。动力电缆金属软管两端应加跨接线。 6. 接地线应防止发生机械损伤和化学腐蚀。在可能使接地线遭受损伤处，均应用管子或角钢等加以保护。接地线在穿过墙壁、楼板和地坪处应加装铜管保护套，有化学腐蚀的部分应采取防腐措施。 7. 若产品技术文件要求控制装置及电子设备机柜外壳不与接地网连接时，其外壳应与柜基础底座绝缘。 8. 计算机及监控系统的接地方法应符合设计要求和抗干扰技术规范及产品技术文件的要求。 9. 计算机及监控系统的接地系统按设计直接接在全厂电气接地网上或接在独立接地网上，其连接方式及接地电阻均应符合设计要求。采用独立接地网时，接地电阻不应大于2Ω，接地电阻应包括接地引线电阻。 10. 计算机系统地线汇集板宜采用600mm × 200mm × 20mm的铜板制作，该汇集板即为计算机系统参考零电位。该系统除接地点外，其余部分应与其他接地体隔离，保证计算机接地系统一点接地。 11. 地线汇集板和地网接地极之间连接的接地线截面积不应小于50mm²，系统内机柜中心接地点至接地母线排的接地线截面积不应小于25mm²，机柜间链式接地线的截面积不应小于6mm²；接地线应采用多芯软铜线；接地电缆线应采用压接接线鼻子后与接地母线排可靠连接。 12. 屏蔽电缆、屏蔽补偿导线的屏蔽层均应接地，并符合下列规定： （1）总屏蔽层及对绞屏蔽层均应接地。 （2）全线路屏蔽层应有可靠的电气连续性，当屏蔽电缆经接线盒或中间端子柜分开或合并时，应在接线盒或中间端子柜内将其两端的屏蔽层通过端子连接，同一信号回路或同一线路屏蔽层只允许有一个接地点。 （3）屏蔽层接地的位置应符合设计要求，当信号源浮空时，应在计算机侧接地；当信号源接地时，屏蔽层的接地点应靠近信号源的接地点；当放大器浮空时，屏蔽层的一端宜与屏蔽罩相连，另一端宜接共模地，其中，当信号源接地时接现场地，当信号源浮空时接信号地。 （4）多根电缆屏蔽层的接地汇总到同一接地母线排时，应用截面积不小于1mm²的黄绿接地软线，压接时每个接线鼻子内屏蔽接地线不应超过6根

2.3.3 功能调试监督

序号	项目	内容	等级	要求
1	单体调试	主机	重要	1. 仪表投用率、I/O点正确率100%。 2. 设备能够正常远操。 3. 状态反馈正常。 4. 就地仪表参数整定正确
		定子冷却水系统	重要	1. 仪表投用率、I/O点正确率100%。 2. 设备能够正常远操。 3. 状态反馈正常。 4. 就地仪表参数整定正确

续表

序号	项目	内容	等级	要求
1	单体调试	转子冷却水系统	重要	1. 仪表投用率、I/O 点正确率 100%。 2. 设备能够正常远操。 3. 状态反馈正常。 4. 就地仪表参数整定正确
		润滑油系统	重要	1. 仪表投用率、I/O 点正确率 100%。 2. 设备能够正常远操。 3. 状态反馈正常。 4. 就地仪表参数整定正确
		润滑油输送系统	重要	1. 仪表投用率、I/O 点正确率 100%。 2. 设备能够正常远操。 3. 状态反馈正常。 4. 就地仪表参数整定正确
		外冷系统	重要	1. 仪表投用率、I/O 点正确率 100%。 2. 设备能够正常远操。 3. 状态反馈正常。 4. 就地仪表参数整定正确
		除盐水系统	重要	1. 仪表投用率、I/O 点正确率 100%。 2. 设备能够正常远操。 3. 状态反馈正常。 4. 就地仪表参数整定正确
		电气系统	重要	1. 仪表投用率、I/O 点正确率 100%。 2. 设备能够正常远操。 3. 状态反馈正常。 4. 就地仪表参数整定正确
		紧急停机系统	重要	1. I/O 点正确率 100%。 2. 设备能够正常远操。 3. 状态反馈正常
		GPS 接口	重要	控制保护系统时间应与全站 GPS 时主钟时间信息完全一致
		电源试验	重要	1. 电源各级输出电压值满足要求，5V 不大于 2.5%，12V 不大于 2.5%，24V 不大于 5%。 2. 直流电源缓慢上升时的自启动性能满足要求，直流电源分别调至 80%、100%、110%额定电压值，检查输出正常
		模拟量	重要	1. 电流量零漂不大于 $0.01I_n$。 2. 电压量零漂不大于 0.05V。 3. 采样值与实测的误差应不大于 5%
		数字量	重要	1. 硬接点信号正确，回路完好。 2. GPS 对时正确
		冗余检查	重要	1. 逐一审查各模拟量输入回路的图纸和实际接线，检查相互冗余的保护回路是否相互独立，核查是否存在测量回路单一模块故障影响冗余保护运行的情况。 2. 检查主机和板卡电源冗余配置情况，并对主机和相关板卡、模块进行断电试验，验证电源供电可靠性
2	系统联调及分系统调试	主机、板卡启动验收	重要	1. 系统主机能正常启动，板卡启动无故障、无报警、无跳闸出口。 2. 主机、板卡软件版本应为经确认的正式运行版本。 3. 检查主机各应用程序运行正常，系统无异常告警。 4. 主机键盘操作应灵活正确，密码能正常登录系统。 5. 检查主机、板卡的 CPU 负载率应不大于 50%

续表

序号	项目	内容	等级	要求
2	系统联调及分系统调试	系统故障响应	重要	系统应能正确实现各项监视功能，并正确区分故障
		定值核查	重要	装置保护定值与定值单核对无误
		事件记录	重要	1. 各硬接点遥信信号的动作和复归应与设备提供的信息表相符，运行人员工作站上应有相应的事件显示。 2. 事件动作时间准确度应不大于 1ms
		模拟量检查	重要	1. 上传监控信息与现场表计一致。 2. 电压、电流等电气量及温度、流量、压力等非电气量指示正常
		功能测试总体要求	重要	对 DCS 的功能应全部进行测试。对验收测试前已完成的功能测试项目可以通过检查合格测试记录（该记录应有业主或管理方、供货方、施工方、调试方等有关方面的签字）和抽查的方式进行测试
		人机接口功能的检查	重要	1.操作员站功能的检查。检查显示、操作、组态、数据存储、打印等功能正常。 2. 工程师站功能的检查。检查内容有控制和保护系统的组态、修改和下载，显示器画面的生成、修改和下载，数据库的生成、修改等
		显示功能的检查	重要	1. 检查显示画面的种类及数量，应与原设计相符。显示画面包括流程图、参数图、实时趋势图、历史趋势图、棒形图、报警显示和操作画面等。 2. 检查显示画面的更新频率和画面更新数据量。 3. 检查显示分区（窗口）的划分、使用方法及其功能
		打印和制表功能的检查	重要	1. 检查定时制表的类型、数量表内包含的过程变量数及表内参数。 2. 检查随机制表的内容及有关特性，包括参数越限打印、复位打印、开关量变态打印、事故追忆打印、事件顺序打印以及工程师站的打印等。 3. 检查请求打印的内容及其特性，包括模拟量一览打印、成组打印、机组启停参数打印、测点清单打印、显示器画面拷贝打印、组态图、逻辑图打印等
		事件顺序记录和事故追忆功能的检查	重要	检查打印内容、时间和时间分辨能力。时间分辨能力不大于 1ms，合同另有规定的，按合同要求考核
		历史数据存储功能的检查	重要	检查存储数据内容、存储容量、时间分辨能力是否达到合同要求及检索数据的方法是否达到合同要求
		在线性能计算检查	重要	在线性能计算，应包括调相机组及辅机的各种效率及性能参数，计算方法应正确，精度应符合设计要求
		机组安全保证功能的检查	重要	1. 检查保证机组启停和正常运行工况安全的操作指导项目和内容。 2. 检查影响机组安全的工况计算项目及统计内容，包括重要参数越限时间累计以及重要辅机启停次数和运行时间累计等
		输入 / 输出（I/O）通道冗余功能的测试	重要	人为断开运行中的输入、输出通道中的任一通道，相应冗余输入、输出通道应保持正常工作
		DCS 与其他控制系统之间的通信接口测试检查	重要	1. 检查测试通信接口的负荷率、通信速率和通信传递数据的正确性。 2. 对于冗余设置的通信接口，人为设置冗余通信接口的任一侧故障，对监控应无任何影响，同时检查操作员站，应有通信接口故障报警和记录
		卫星时钟校时功能的检查	重要	1. 检查卫星时钟输出信号精度达到合同规定要求。 2. 卫星时钟与 DCS 之间应每秒进行一次时钟同步，偏差应小于 1μs。当 DCS 时钟与卫星时钟失锁时，DCS 应有输出报警

续表

序号	项目	内容	等级	要求
2	系统联调及分系统调试	设备传动检查	重要	1. 明确设备的类型，对照控制回路图检查组态逻辑设计的合理性。 2. 对设备回路进行检查，保证设备能够通过 DCS 远操，保证就地设备状态与远方显示一致。 3. 对于具有调节机构的设备，如调门、变频器等还需要通过以 25% 增量上拉和下拉行程，保证执行机构的线性、精度、回差在允许的范围内。 4. 对 DCS 画面进行核查，确保画面上能够显示设备的各种状态
		系统配置检查	重要	检查系统配置的设置是否与实际配置相符。如工作站、DPU 的数量及其地址号的设置
		I/O 卡件测试	重要	1. 检查 I/O 卡件通道的接线是否正确，是否符合设计技术要求。 2. 按照设计院设计和实际安装情况，检查变送器模拟量输入卡件的内、外供电跳线。 3. 检查 I/O 卡件的逻辑地址是否与 DCS 系统组态一致。 4. 精度试验：对重要模件用标准信号发生器对部分通道作精度试验，做好记录。强信号误差应小于 0.1%，弱信号误差应小于 0.2%
		外回路检查	重要	1. 核查现场实际测点信号的类型、量程等参数是否与设计相符。核查各测量信号报警值，根据机组试运情况修改。 2. 检查数据采集系统中所有变送器的调校记录。 3. 检查数据采集系统与其他系统或设备的接口情况，保证测点输入和输出情况的正确
		功能组态检查	重要	1. 对照 I/O 清单，参考调相机工况，检查和调整模拟量测点的量程设置和模拟量点调整参数的设置。 2. 用户画面检查（系统模拟图）： 检查系统模拟图是否与实际相符，画面上的各种设备的状态信号是否与现场实际情况相符。要求的测点是否在要求的画面上，每个测点的物理参数是否符合实际工况要求等。各开关量状态显示是否正确。 3. 报警画面显示： （1）各类报警功能。 （2）各类报警值的设定。 （3）报警禁止和恢复。 （4）报警确认。 （5）报警过滤和分类显示。 4. SOE 功能检查： 做相关模拟试验，检查 SOE 测点的动作分辨率。 5. 打印功能的检查： 结合机组运行的实际情况，按照设计要求和电厂要求，检查、核实机组正常运行时运行打印记录和事故分析打印记录。 6. 系统实时性测试： 对键盘调用监控画面的响应时间和中断调用监控画面的响应时间进行测试，满足一般工况 $\Delta t \leq 1s$，繁忙工况 $\Delta t \leq 2s$，并测试模拟量和开关量采集的实时性。 7. 带负荷运行时的维护、修正机组带负荷运行时，配合厂家保证数据采集系统运行正常；检查各个测点的工作状况；随时修正测点参数的整定设置
		模拟量控制系统调试	重要	针对水塔冷却风机进行调试。 1. 静态试验： 对系统输入模拟信号，对各部分功能进行静态试验，主要检查调节系统的方向性，各超弛控制功能的实现等，并确定各切换、跟踪算法的参数。 2. 算法参数的整定： 主要是对 PID 算法参数进行现场设定，通过做各种扰动试验对各参数历史曲线进行复现，找出各对象动态响应曲线，求取各算法的初设定值，置入后把系统投上自动，逐步调整，并反复进行扰动试验，以求达到最佳调节品质

续表

<table>
<tr><th>序号</th><th>项目</th><th>内容</th><th>等级</th><th>要求</th></tr>
<tr><td>2</td><td>系统联调及分系统调试</td><td>顺序控制系统调试</td><td>重要</td><td>1. 各设备联锁保护调试。
2. 各子系统顺序控制。
3.APS（机组一键启停）调试</td></tr>
<tr><td rowspan="2">3</td><td rowspan="2">DCS 逻辑验证</td><td>总体说明</td><td>重要</td><td>1. 所有执行机构（电机、阀门、断路器）在画面操作前提条件：
A. 执行机构在远控方式；
B. 执行机构控制电源正常；
C. 执行机构没有故障。
逻辑关系：A and B and C
2. 系统动作的定义：
允许开、允许启：阀门或泵满足逻辑关系则允许开启。
允许关、允许停：阀门或泵满足逻辑关系则允许关停。
自动开、自动启：阀门或泵满足逻辑关系则自动开启。
自动关、自动停：阀门或泵满足逻辑关系则自动关停。
保护开、保护启：阀门或泵满足逻辑关系则保护开启。
保护关、保护停：阀门或泵满足逻辑关系则保护关停。
3. 逻辑验证的方法：
按照每个设备的逻辑条件，验证设备是否按要求动作</td></tr>
<tr><td>内冷水定子冷却水系统逻辑验证</td><td>重要</td><td>按照内冷水定子冷却水系统逻辑，现场进行实际验证（见表 2-16），确保逻辑的正确性以及设备动作的正确性。
表 2-16　逻辑验证
<table>
<tr><th>设备名称</th><th>系统动作</th><th>逻辑条件</th><th>逻辑关系</th></tr>
<tr><td rowspan="2">定子冷却水箱进水门</td><td>自动开</td><td>A. 定子冷却水箱液小于 500mm。
B. 定子冷却水箱液位联锁投入</td><td>A and B</td></tr>
<tr><td>自动关</td><td>A. 定子冷却水箱液位大于 600mm。
B. 定子冷却水箱液位联锁投入</td><td>A and B</td></tr>
<tr><td rowspan="3">定子冷却水泵 A</td><td>允许开</td><td>定子冷却水箱液位不低大于 400mm</td><td></td></tr>
<tr><td>自动开</td><td>A. 定子冷却水泵 B 请求切至 A。
B. 定子冷却水泵故障联锁投入。
C. 定子冷却水泵 B 跳闸。
D. 定子冷却水泵 A 出口压力低且泵 A 在运行（小于 0.4MPa）。
E. 定子冷却水流量小于 49.5m^3/h（跳机的 3 个开关量 55 × 0.8m^3/h）。
F. 调相机运行态（转速大于 100r/min 或并网开关合位）且定子冷却水泵 A 和 B 都在停止位延时 5s 且泵 A 为主泵（3s 脉冲，避免 400V 母线故障切换时，短时双泵都停止直接跳机）</td><td>A or [B and（C or D or E or F）]</td></tr>
<tr><td>自动关</td><td>A. 定子冷却水泵 A 请求切至 B 展宽 10s（周期切泵）。
B. 定子冷却水泵 B 运行</td><td>A and B</td></tr>
<tr><td rowspan="2">定子冷却水电加热器</td><td>自动开</td><td>A. 定子冷却水电加热器联锁投入。
B. 定子冷却水加热器出水温度小于 25℃</td><td>A and B</td></tr>
<tr><td>自动关</td><td>A. 定子冷却水电加热器联锁投入。
B. 定子冷却水加热器出水温度大于 45℃</td><td>A and B</td></tr>
</table></td></tr>
</table>

续表

<table>
<tr><th>序号</th><th>项目</th><th>内容</th><th>等级</th><th>要求</th></tr>
<tr><td rowspan="2">3</td><td rowspan="2">DCS 逻辑验证</td><td>内冷水转子冷却水系统逻辑验证</td><td>重要</td><td>
按照内冷水转子冷却水系统逻辑，现场进行实际验证（见表 2-17），确保逻辑的正确性以及设备动作的正确性。
表 2-17 逻辑验证
<table>
<tr><th>设备名称</th><th>系统动作</th><th>逻辑条件</th><th>逻辑关系</th></tr>
<tr><td rowspan="2">转子冷却水箱进水电动门</td><td>自动开</td><td>A. 转子冷却水箱液位小于 500mm。
B. 转子冷却水箱液位联锁投入</td><td>A and B</td></tr>
<tr><td>自动关</td><td>A. 转子冷却水箱液位大于 600mm。
B. 转子冷却水箱液位联锁投入</td><td>A and B</td></tr>
<tr><td rowspan="4">转子冷却水泵 A</td><td>保护停</td><td>转子冷却水箱液位小于 200mm 延时 3s</td><td></td></tr>
<tr><td>允许启</td><td>转子冷却水箱液位大于 400mm</td><td></td></tr>
<tr><td>自动启</td><td>A. 转子冷却水泵 B 请求切至 A。
B. 转子冷却水泵联锁投入。
C. 转子冷却水泵 B 跳闸。
D. 转子冷却水泵 A 出口压力低且泵 A 在运行（小于 0.4MPa）
E. 转子冷却水流量 <$39.6m^3/h$ 且转速 >2850r/min。
F. 调相机运行态（转速 >100r/min 或并网开关合位）且转子冷却水泵 A 和 B 都在停止位延时 5s（3s 脉冲）且泵 A 为主泵</td><td>A or [B and（C or D or E or F）]</td></tr>
<tr><td>自动停</td><td>A. 转子冷却水泵 A 请求切至 B 展宽 10s（周期切泵）。
B. 转子冷却水泵 B 运行</td><td>A and B</td></tr>
</table>
</td></tr>
<tr><td>润滑油系统逻辑验证</td><td>重要</td><td>
按照润滑油系统逻辑，现场进行实际验证（见表 2-18），确保逻辑的正确性以及设备动作的正确性。
表 2-18 逻辑验证
<table>
<tr><th>设备名称</th><th>系统动作</th><th>逻辑条件</th><th>逻辑关系</th></tr>
<tr><td rowspan="2">盘车</td><td>保护停</td><td>A. 顶轴油泵出口母管压力小于 4MPa。
B. 润滑油压供油口压力小于 0.1MPa</td><td>A or B</td></tr>
<tr><td>允许开</td><td>A. 顶轴油泵出口母管压力大于 10MPa。
B. 润滑油压供油口压力大于 0.2MPa。
C. 调相机零转速信号</td><td>A and B and C</td></tr>
<tr><td rowspan="3">润滑油箱电加热器</td><td>保护关</td><td>A. 润滑油箱油温大于 35℃。
B. 润滑油箱液位小于 440mm。
C. 润滑油箱电加热器 1 温度高报警（二取一）。
D. 润滑油箱电加热器 2 温度高报警（二取一）。
E. 润滑油箱电加热器 3 温度高报警（二取一）。
F. 润滑油箱电加热器 4 温度高报警(二取一)</td><td>A or B or C or D or E or F</td></tr>
<tr><td>允许开</td><td>润滑油箱液位大于 440mm</td><td></td></tr>
<tr><td>自动开</td><td>A. 润滑油箱电加热器联锁投入。
B. 润滑油箱油温小于 20℃</td><td>A and B</td></tr>
</table>
</td></tr>
</table>

续表

序号	项目	内容	等级	要求			
				设备名称	系统动作	逻辑条件	逻辑关系
3	DCS逻辑验证	润滑油系统逻辑验证	重要	交流润滑油泵A	允许启	润滑油位大于500mm（跳机值340mm）且润滑油温大于10℃	
					自动启	A. 交流润滑油泵B请求切至A。 B. 交流润滑油泵故障联锁投入。 C. 任一交流润滑油泵运行且润滑油泵母管压力低启交流备用油泵。 D. 交流润滑油泵B跳闸。 E. 直流润滑油泵启动延时120s且两台交流润滑油泵都停止（3s脉冲）、泵A为主泵	A or [B and（C or D or E）]
					自动停	A. 交流润滑油泵A请求切至B展宽10s。 B. 交流润滑油泵B运行。 C. 交流润滑油泵B出口压力正常	A and B and C
				直流润滑油泵	自动启	A. 直流润滑油泵联锁投入。 B. 润滑油母管压力低启直流油泵。 C. 交流润滑油泵A、B全部停止延时3s。 D. 润滑油母管压力低启交流备用油泵（备用交流泵与直流泵一起启）	A and（B or C or D）
				顶轴油交流油泵A	允许启	顶轴油交流油泵A入口压力正常	
					自动启	A. 顶轴油交流油泵联锁投入。 B. 调相机转速小于600r/min（5s脉冲）且A为主泵。 C. 顶轴油交流油泵B跳闸。 D. 调相机转速小于600r/min且顶轴油泵出口母管压力低启交流备用油泵	A and（B or C or D）
					自动停	A. 顶轴油交流油泵联锁投入。 B. 调相机转速大于620r/min延时3s（5s脉冲）	A and B
				顶轴油直流油泵	自动启	A. 顶轴油直流油泵联锁投入。 B. 调相机转速小于580r/min。 C. 顶轴油泵出口母管压力低启直流油泵油压。 D. 顶轴油交流油泵A、B全部停止延时3s	A and B and（+C or D）
				润滑油箱1号排烟风机	自动启	A. 润滑油箱排烟风机B请求切至A（TD_OFF）10s且排烟风机B停止。 B. 润滑油箱排烟风机故障联锁投入。 C. 交流润滑油泵运行或直流润滑油泵运行（脉冲信号处理）且A为主设备。 D. 润滑油箱排烟风机B跳闸。 E. 润滑油箱排烟风机A请求切至B失败且排烟风机B停止	A or [B and（C or D）]or E
					自动停	A. 润滑油箱1号排烟风机请求切至2号展宽10s。 B.2号排烟风机运行	A and B

续表

<table>
<tr><th>序号</th><th>项目</th><th>内容</th><th>等级</th><th>要求</th></tr>
<tr><td rowspan="2">3</td><td rowspan="2">DCS 逻辑验证</td><td>润滑油辅助系统逻辑验证</td><td>重要</td><td>
按照润滑油辅助系统逻辑，现场进行实际验证（见表 2–19），确保逻辑的正确性以及设备动作的正确性。
表 2–19　　逻辑验证
<table>
<tr><th>设备名称</th><th>系统动作</th><th>逻辑条件</th><th>逻辑关系</th></tr>
<tr><td rowspan="3">润滑油贮油箱净油室加热器</td><td>保护停</td><td>A. 润滑油贮油箱净油室油温大于 20℃。
B. 润滑油贮油箱净油室加热器 1 温度高。
C. 润滑油贮油箱净油室加热器 2 温度高。
D. 润滑油贮油箱净油室液位小于 700mm</td><td>A or B or C or D</td></tr>
<tr><td>允许启</td><td>润滑油贮油箱净油室液位大于 700mm</td><td></td></tr>
<tr><td>自动启</td><td>A. 润滑油贮油箱净油室加热器联锁投入。
B. 润滑油贮油箱净油室油温小于 10℃</td><td>A and B</td></tr>
<tr><td rowspan="3">润滑油贮油箱污油室加热器</td><td>保护停</td><td>A. 润滑油贮油箱污油室油温大于 35℃。
B. 润滑油贮油箱净油室加热器 1 温度高。
C. 润滑油贮油箱净油室加热器 2 温度高。
D. 润滑油贮油箱污油室液位小于 700mm</td><td>A or B or C or D</td></tr>
<tr><td>允许启</td><td>润滑油贮油箱污油室液位大于 700mm</td><td></td></tr>
<tr><td>自动启</td><td>A. 润滑油贮油箱污油室加热器联锁投入。
B. 润滑油贮油箱污油室油温小于 10℃</td><td>A and B</td></tr>
</table>
</td></tr>
<tr><td>循环水系统逻辑验证</td><td>重要</td><td>
按照南瑞公司设计的 DCS 循环水系统逻辑，现场进行实际验证（见表 2–20），确保逻辑的正确性以及设备动作的正确性。
表 2–20　　逻辑验证
<table>
<tr><th>设备名称</th><th>系统动作</th><th>逻辑条件</th><th>逻辑关系</th></tr>
<tr><td rowspan="4">循环水泵 A 软启</td><td>保护停</td><td>A. 循环水泵 A 运行 30s 后且 出口电动门还在关位。
B. 循环水泵 A 软启故障（开入信号）。
C． 循环水泵 A 过载（开入信号）</td><td>A or B or C</td></tr>
<tr><td>允许启</td><td>A. 缓冲水池液位 >1000mm。
B. 首台启动泵且循环水泵 A 出口电动阀已关。
C. 非首台启动泵</td><td>A and（B or C）</td></tr>
<tr><td>自动启</td><td>A. 循环水泵 B 请求切至 A。
B. 循环水泵 C 请求切至 A。
C. 循环水泵 A 请求切至软启</td><td>A or B or C</td></tr>
<tr><td>自动停</td><td>A. 循环水泵 A 请求切至 C 展宽 15s 且循环水泵 C 已运行。
B. 循环水泵 A 请求切至 B 展宽 15s 且循环水泵 B 已运行。
C. 循环水泵 B 请求切至 A 展宽 15s 且循环水泵 A 工频运行 2s。
D. 循环水泵 C 请求切至 A 展宽 15s 且循环水泵 A 工频运行 2s。
E. 循环水泵 A 正常启动请求切至工频延时关 15s 且循环水泵 A 工频运行 2s</td><td>A or B or C or D or E</td></tr>
<tr><td rowspan="2">循环水泵 A 工频</td><td>保护停</td><td>A. 循环水泵 A 运行 30s 后且出口电动门还在关位。
B. 循环水泵 A 工频故障（开入信号）。
C. 循环水泵 A 过载（开入信号）</td><td>A or B or C</td></tr>
<tr><td>允许启</td><td>A. 缓冲水池液位 >1000mm。
B. 首台启动泵且循环水泵 A 出口电动阀已关。
C. 非首台启动泵</td><td>A and（B or C）</td></tr>
</table>
</td></tr>
</table>

续表

序号	项目	内容	等级	要求			
				续表			
				设备名称	系统动作	逻辑条件	逻辑关系
3	DCS 逻辑验证	循环水系统逻辑验证	重要	循环水泵A工频	自动启	A. 循环水泵 B 请求切至 A 延时关 5s。 B. 循环水泵 B 请求切至 A 延时开 6s 或循环水泵 A 软启运行 3.2s 或循环水泵 A 软启故障。 C. 循环水泵 C 请求切至 A 延时关 5s。 D. 循环水泵 C 请求切至 A 延时开 6s 或循环水泵 A 软启运行 3.2s 或循环水泵 A 软启故障。 E. 循环水泵 A 请求切至工频	（A and B）or（C and D）or E
					自动停	A. 循环水泵 A 请求切至 C 延时关 120s 且循环水泵C已运行且循环水泵C出口门已开。 B. 循环水泵 A 请求切至 B 延时关 120s 且循环水泵 B 已运行且循环水泵 B 出口门已开	A or B
				工业水池进水总管电动门	保护关	自来水压力异常（小于 0.13MPa）	
					自动开	工业水池自动补水联锁投入且工业水池液位小于 600mm 延时 10s	
					自动关	A. 工业水池液位测点品质坏（3s 脉冲）。 B. 工业水池液位测点品质正常。 C. 工业水池液位大于 1500mm 延时 10s	A or（B and C）
				机械通风冷却塔缓冲水池补水电动门	自动开	循环水自动补水联锁投入且循环水泵入口缓冲池液位小于 1000mm 延时 10s	
					自动关	A. 循环水自动补水联锁投入且循环水泵入口缓冲池液位大于 1400mm 延时 10s。 B. 换流站来补水水源流量模拟量品质好且流量小于 10。 C. 换流站来补水水源流量模拟量品质坏。 D. 工业水泵 A、B 均停止	A or [（B or C）and D]
				工业水泵 A	保护停	A. 工业水池液位小于 800mm 延时 10s。 B. 冷却塔缓冲水池补水电动门已关延时 60s。 C. 换流站来补水水源压力大于 0.1MPa 或品质坏，延时 10s。 D. 循环水泵入口缓冲池液位大于 1350mm 或品质坏，延时 10s。	A or B or C or D
					允许启	A.机械通风冷却塔缓冲水池补水电动门已开。 B. 机械通风冷却塔缓冲水池补水电动门已关且除盐水原水箱补水门已开。 C. 工业水池进水总管电动阀已关。 D. 业水池液位大于 600mm	（A or B）and C and D
					自动启	A. 循环水自动补水及排污联锁投入。 B. 缓冲池自动补水投入且机械通风冷却塔缓冲水池补水电动门已开。 C. 换流站来补水水源压力小于 0.1MPa。 D. 循环水泵入口缓冲池液位小于 1000mm。 E. 换流站来补水水源流量小于 $5m^3/s$。 F. 工业水泵 A 为主泵（启动前信号）。 G. 工业水泵 B 为主泵（启动前信号）且工业水泵 B 跳闸或启动失败	A and B and C and D and E and（F or G）

续表

<table>
<tr><th>序号</th><th>项目</th><th>内容</th><th>等级</th><th>要求</th></tr>
<tr><td>3</td><td>DCS 逻辑验证</td><td>循环水系统逻辑验证</td><td>重要</td><td>
续表
<table>
<tr><th>设备名称</th><th>系统动作</th><th>逻辑条件</th><th>逻辑关系</th></tr>
<tr><td rowspan="4">机械通风冷却塔风机 A 变频</td><td>保护停</td><td>A. 机械通风冷却塔风机 A 润滑油油位小于 0 延时 10s。
B. 机械通风冷却塔风机 A 润滑油温度大于 90℃延时 10s。
C. 机械通风冷却塔风机 A 变频故障</td><td>A or B or C</td></tr>
<tr><td>允许启</td><td>机械通风冷却塔风机 A 润滑油油位大于 10mm</td><td></td></tr>
<tr><td>自动启</td><td>循环冷却水供水温度大于 35 延时 10s 且工频停止</td><td></td></tr>
<tr><td>自动停</td><td>循环冷却水供水温度小于 30℃延时 10s</td><td></td></tr>
<tr><td rowspan="4">机械通风冷却塔风机 A 工频</td><td>保护停</td><td>A. 机械通风冷却塔风机 A 润滑油油位小于 0。
B. 机械通风冷却塔风机 A 润滑油温度大于 90℃。
C. 机械通风冷却塔风机 A 工频故障</td><td>A or B or C</td></tr>
<tr><td>允许启</td><td>机械通风冷却塔风机 A 润滑油油位大于 10mm</td><td></td></tr>
<tr><td>自动启</td><td>A. 循环冷却水供水温度大于 35℃延时 10s 且风机 A 变频故障且风机 A 变频停止。
B. 循环冷却水水温联锁投入且机械通风冷却塔风机 A 工频变频自动联锁投入</td><td>A and B</td></tr>
<tr><td>自动停</td><td>循环冷却水水温联锁投入且循环冷却水供水温度小于 30℃延时 10s 或循环冷却水供水品质坏</td><td></td></tr>
<tr><td rowspan="3">循环水缓蚀阻垢剂计量泵 A</td><td>保护停</td><td>循环水缓蚀阻垢剂药罐液位低</td><td></td></tr>
<tr><td>自动启</td><td>A. 循环水缓蚀阻垢剂计量泵联锁投入。
B. 机械通风冷却塔缓冲水池补水电动门已开。
C. 循环水缓蚀阻垢剂计量泵 A 为主泵（启动前信号）。
D. 循环水缓蚀阻垢剂计量泵 B 为主泵（启动前信号）且循环水缓蚀阻垢剂计量泵 B 跳闸或启动失败（只切换一次）</td><td>A and B and（C or D）</td></tr>
<tr><td>自动停</td><td>循环水缓蚀阻垢剂计量泵联锁投入。
机械通风冷却塔缓冲水池补水电动门已关</td><td>A and B</td></tr>
<tr><td rowspan="3">循环水杀菌灭藻剂计量泵 A</td><td>保护停</td><td>循环水杀菌灭藻剂药罐液位低</td><td></td></tr>
<tr><td>自动启</td><td>A. 循环水杀菌灭藻剂计量泵联锁投入。
B. 停止时间到（停止时间可设定）。
C. 循环水杀菌灭藻剂计量泵 A 为主泵（启动前信号）。
D. 循环水杀菌灭藻剂计量泵 B 为主泵（启动前信号）且循环水杀菌灭藻剂计量泵 B 跳闸或启动失败（只切换一次）</td><td>A and B and（C or D）</td></tr>
<tr><td>自动停</td><td>A. 循环水杀菌灭藻剂计量泵联锁投入。
B. 运行时间到（运行时间可设定）</td><td>A and B</td></tr>
</table>
</td></tr>
</table>

续表

序号	项目	内容	等级	要求
3	DCS 逻辑验证	除盐水系统逻辑验证	重要	按照南瑞公司设计的 DCS 循环水系统逻辑，现场进行实际验证（见表 2-21），确保逻辑的正确性以及设备动作的正确性。

表 2-21　　逻辑验证

设备名称	系统动作	逻辑条件	逻辑关系
超滤产水箱循环水入口电动门	允许关	超滤产水箱循环水管放水电动门已开	
	自动开	转子冷却水系统排水水温小于 32°	
	自动关	转子冷却水系统排水水温大于 35°	
超滤产水箱循环水管放水电动门	允许关	超滤产水箱循环水入口电动门已开	
	自动开	转子冷却水系统排水水温大于 35°	
	自动关	转子冷却水系统排水水温小于 32°	
原水泵 A	保护停	A. 原水箱液位小于 300mm。 B. 原水泵水管路不通。 C. 超滤产水箱液位大于 1300mm。 D. 超滤系统故障停机	A or B or C or D
	自动启	A. 原水泵联锁投入。 B. 原水泵 B 跳闸（通过联锁）。 C. 超滤产水箱液位小于 9000mm 且原水泵 A 为主泵。 D. 顺控开	A and [B or（C and D）]
反洗水泵 A	保护停	A. 超滤产水箱液位小于 300mm。 B. 反洗水泵水管路不通。 C. 超滤系统故障停机	A or B or C
	自动启	A. 反洗水泵联锁投入。 B. 反洗水泵 B 跳闸（通过联锁）	A and B
RO 给水泵 A	保护停	A. 超滤产水箱液位小于 300mm 延时 5s。 B. 反渗透系统故障停机。 C. 反渗透给水泵管路不通	A or B or C
	自动启	A. RO 给水泵联锁投入。 B. RO 给水泵 B 跳闸（通过联锁）	A and B
一级高压泵 A	保护停	A. 超滤产水箱液位小于 300mm。 B. RO 产水箱液位大于 1300mm。 C. 反渗透系统故障停机。 D. 一级反渗透高压泵 A 入口压力低且一级反渗透高压泵 A 运行。 E. 一级反渗透高压泵管路不通	A or B or C or D or E
	自动启	A. 一级高压泵联锁投入。 B. 一级高压泵 B 跳闸（通过联锁）	A and B

续表

<table>
<tr><th>序号</th><th>项目</th><th>内容</th><th>等级</th><th>要求</th></tr>
<tr><td>3</td><td>DCS 逻辑验证</td><td>除盐水系统逻辑验证</td><td>重要</td><td>续表
<table>
<tr><th>设备名称</th><th>系统动作</th><th>逻辑条件</th><th>逻辑关系</th></tr>
<tr><td rowspan="2">二级高压泵 A</td><td>保护停</td><td>A. 超滤产水箱液位小于 300mm。
B. RO 产水箱液位大于 1300mm。
C. 二级反渗透高压泵管路不通。
D. 反渗透系统故障停机。
E. 二级反渗透高压泵 A 入口压力低且二级反渗透高压泵 A 运行</td><td>A or B or C or D or E</td></tr>
<tr><td>自动启</td><td>A. 二级高压泵联锁投入。
B. 二级高压泵 B 跳闸（通过联锁）</td><td>A and B</td></tr>
<tr><td rowspan="2">EDI 给水泵 A</td><td>保护停</td><td>A. RO 产水箱液位小于 300mm。
B. EDI 产水箱液位大于 2300mm。
C. EDI 系统故障停机。
D. EDI 给水泵管路不通</td><td>A or B or C or D</td></tr>
<tr><td>自动启</td><td>A. EDI 给水泵联锁投入。
B. EDI 给水泵 B 跳闸（通过联锁）</td><td>A and B</td></tr>
<tr><td rowspan="2">纯水输送泵 A</td><td>保护停</td><td>EDI 产水箱液位小于 300mm</td><td></td></tr>
<tr><td>自动启</td><td>A. 纯水输送泵联锁投入。
B. 1 号机 /2 号机定子冷却水箱进水电动阀已开或 1 号机转子冷却水箱进水电动阀位置反馈大于 50 或 2 号机转子冷却水箱进水电动阀位置反馈大于 50。
C. 除盐水泵 B 跳闸（通过联锁）。
D. 除盐水泵周期切换联锁投入。
E. 除盐水泵 A 运行时间小于运行周期。
F. 除盐水泵 A 可控。
G. 人工选择 A 泵为主泵</td><td>A and B and [C or（D and E and F and G）]</td></tr>
</table>
</td></tr>
<tr><td>4</td><td>顺序控制系统调试</td><td>调试前应具备的条件和准备工作</td><td></td><td>1. DCS 系统机柜上电恢复完成，在线试验合格，系统功能正确可靠。
2. 具有完整的热控测点 P&ID 图纸。
3. 具有正式出版的定值表。
4. 取源部件、就地设备应满足其设计说明书对环境温度和相对湿度的要求，测量和取样管路应通畅，管内无杂物，必要时，还应采取保温、伴热等防冻措施。
5. DCS 通道测试合格，画面显示正确，相关各个模拟量及开关测点安装接线完成，且有完整的变送器、温度及开关等的校验报告。
6. SCS 相关阀门、电机以及执行机构已安装接线完成，单体调试及试运合格，DCS 画面能提供相应的操作。
7. SCS 与其他子系统的接线安装完毕，相关的逻辑组态已经完成。
8. 提供各个主要设备的技术说明书等。
9. SCS 逻辑已经各方确认，逻辑说明也已正式出版。
10. 已按正式的逻辑图在 DCS 组态完毕，各个定值也已正确输入。</td></tr>
</table>

续表

序号	项目	内容	等级	要求
4	顺序控制系统调试	调试前应具备的条件和准备工作		11. 提供本系统的功能说明书、系统说明书、操作说明书等，说明书内容包括逻辑内部组态使用的各个模块的属性、用途、算法以及系统的运算周期、卡件属性、通信特性等。 12. 历史站运作正常，SCS 中重要的过程点已加入历史站中，历史趋势功能正常，打印机已与系统连接，可正常打印
		调试步骤和作业程序		1. 顺控系统包括以下分系统内容： （1）内冷水系统。 （2）外冷水系统。 （3）润滑油系统。 （4）除盐水系统。 2. 检验各被控设备的手操动作情况，以使被控设备能正常工作。 （1）电动门的远操方式及联锁方式： 电动门的远操方式及联锁方式调试必须在确定电动门的单体调试合格后方可进行。 1）带闭锁的电动门在建立闭锁条件后，在 CRT 上手操电动门开或关，电动门不随手操命令产生相应的动作。 2）对于电动执行机构的试验，在 CRT 上分别操作开、关、停电动执行机构，其应随手操信号产生相应的动作。 3）建立实际的联锁开、关条件和实际的保护条件，对电动门逐一试验，其开、关应随联锁命令产生相应的动作。 4）在保证各电动门或电动执行机构正确动作后，检查各设备送入 SCS 柜的反馈信号的正确性，包括电动门的开、关、失电、过力矩等信号。 （2）旋转设备的手操及联锁方式的调试： 旋转设备的手操及联锁试验涉及范围较多，必须会同运行人员严格按照运行规程进行试验。 1）由运行人员建立旋转设备的启动允许条件并确认各条件均满足要求后，在 CRT 上操作启动按钮，旋转设备应产生正确的动作。 2）在 CRT 上操作停旋转设备按钮使其产生正确动作。 3）由运行人员建立联锁停旋转设备的条件后，逐一试验各联锁停条件到来时，保证旋转设备能正确动作。 4）在确认旋转设备正确动作后，检查旋转设备动作的反馈信号是否正确，包括旋转设备运行、跳闸、故障等信号。 （3）对顺控系统中逻辑组态进行检查并进行必要的修改，保证启动允许条件，自动启、停指令，保护启动，停止等逻辑联锁达到控制要求。 （4）检查手动 / 自动方式控制功能。在手动方式下，可在满足设备启、停允许条件下，对设备进行自由操作，各设备不受顺控程序限制。在自动方式下，各设备按照顺控系统逻辑程序自动执行操作。 （5）模拟顺序控制的启动允许条件；自动启、停指令，保护启动、停止，在各功能组的输入条件都满足的情况下，检查其设计逻辑的正确性。 （6）确认功能组逻辑正确后，检查功能组的输出信号及大容量继电器动作的正确性，是否送入被控设备的控制回路。 （7）在机组设备投运后，建立实际的输入条件尽可能满足功能组逻辑需要，以便功能组能有效的执行控制逻辑。 （8）功能组控制逻辑输出至大容量继电器柜，使继电器动作，继电器接点输出至被控设备，以使被控设备正确执行控制指令。 3. 整套启动调试： 整套启动调试是在分系统调试的基础上将顺控系统动态的运行在热工系统中

续表

<table>
<tr><th>序号</th><th>项目</th><th>内容</th><th>等级</th><th>要求</th></tr>
<tr><td rowspan="2">5</td><td rowspan="2">TSI 系统调试</td><td>调试前应具备的条件和准备工作</td><td></td><td>1. 润滑油循环已结束，调相机转子定位完成，探头安装结束，提供探头安装的相关数据。
2. 各个探头元件已经过校验，具有合格的校验报告。
3. 各一次元件与前置器与机柜间之间的安装接线完成。
4.TSI 系统机柜上电恢复完成，卡件工作正常，系统功能正确可靠。
5. 具有完整的机组厂传递图。
6. 具有 TSI 机柜内部接线图。
7. 具有正式出版的定值表。
8. 取源部件、就地设备应满足其设计说明书对环境温度和相对湿度的要求。
9. 系统组态已下装，定值与量程已经正确填入，并且探头与卡件的校验报告也已提供。
10. TSI 与其他系统的接线安装完毕，相关的逻辑组态已经完成；提供本系统的功能说明书、系统说明书、操作说明书等，说明书内容包括逻辑内部组态使用的各个模块的属性、用途、算法以及系统的运算周期、卡件属性、通信特性等</td></tr>
<tr><td>调试步骤和作业程序</td><td></td><td>1. 框架送电前：
（1）检查每个监测器的短接块位置是否与设计相一致。
（2）检查前置器到框架的屏蔽线的接线是否正确。
（3）检查所送电压是否与框架选项相一致。
2. 框架送电后：
（1）检查每个监测器显示是否正常，系统监测器的 OK 灯是否点亮。
（2）前置放大器电压是否为 24V。
3. 报警点调整：
TSI 探头报警点调整。
在监测器上设置信号的报警点，包括报警和跳机两项，定值和动作情况如表 2-22 所示。
表 2-22　　定值和动作情况
<table>
<tr><th>项目</th><th>定值</th><th>动作情况</th></tr>
<tr><td>转速（r/min）</td><td>3300</td><td>跳机</td></tr>
<tr><td>转速（r/min）</td><td>3090</td><td>报警</td></tr>
<tr><td>出线端调相机轴承座 X 向振动（绝对值，mm/s）</td><td>9.3</td><td>报警</td></tr>
<tr><td>出线端调相机轴承座 Y 向振动（绝对值，mm/s）</td><td>9.3</td><td>报警</td></tr>
<tr><td>出线端调相机轴承 X 向振动（μm）</td><td>125</td><td>报警</td></tr>
<tr><td>出线端调相机轴承 X 向振动（μm）</td><td>250</td><td>跳机</td></tr>
<tr><td>出线端调相机轴承 Y 向振动（μm）</td><td>125</td><td>报警</td></tr>
<tr><td>出线端调相机轴承 Y 向振动（μm）</td><td>250</td><td>跳机</td></tr>
<tr><td>非出线端调相机轴承座 X 向振动（绝对值，mm/s）</td><td>9.3</td><td>报警</td></tr>
<tr><td>非出线端调相机轴承座 Y 向振动（绝对值，mm/s）</td><td>9.3</td><td>报警</td></tr>
<tr><td>非出线端调相机轴承 X 向振动（μm）</td><td>125</td><td>报警</td></tr>
<tr><td>非出线端调相机轴承 X 向振动（μm）</td><td>250</td><td>跳机</td></tr>
<tr><td>非出线端调相机轴承 Y 向振动（μm）</td><td>125</td><td>报警</td></tr>
<tr><td>非出线端调相机轴承 Y 向振动（μm）</td><td>250</td><td>跳机</td></tr>
</table></td></tr>
</table>

续表

序号	项目	内容	等级	要求
5	TSI 系统调试	调试步骤和作业程序		4. 探头的线性检查： 为保证监测器系统的准确性，需在现场作线性检查（现场的线性检查需安装公司的机务和热工配合），得出探头与监测体表面间的距离与输出电压的对应关系。 5. 盘车时调整门槛电压： 盘车时对 TSI 系统作整体检查，看仪表显示是否正常，特别是对键相器和零转速仪表的门槛电压作适当调整。 6. 整组启动前的联调： （1）整组启动前还需与调相机配合，对报警跳机等作系统联调。 （2）试验时，将输入监测器的信号断开，采用稳压电源提供报警电压值，模拟报警、跳机情况，检查继电器动作是否正常，并检查调相机跳机电磁阀能否动作

2.4 调变组保护装置

2.4.1 到场监督

序号	项目	内容	等级	要求
1	屏柜拆箱检查	屏柜外观检查	一般	屏柜外观应完整，颜色与订货相符，无外力损伤及变形痕迹，屏柜内无淋雨、受潮或凝水情况
		元器件完整性检查	重要	1. 屏内保护装置、打印机、转换开关、按钮、标签框、空气开关、端子排、端子盒、继电器、接地铜牌、门接地线等元器件应完整良好，且与装箱清单以及设计图纸数目、型号相符。 2. 设备应有铭牌或相当于铭牌的标志，内容包括：制造厂名称和商标；设备型号和名称
		技术资料检查	一般	随屏图纸、说明书、合格证等相关资料齐全，并扫描存档
2	附件及专用工器具	备品备件	重要	检查是否有相关备品备件，数量及型号是否相符，做好相应记录
		专用工器具	重要	1. 记录随设备到场的专用工器具，列出专用工器具清单，检查专用工器具是否齐备及能否正常使用，并妥善保管。 2. 如施工单位需借用相关工器具，须履行借用手续

2.4.2 安装监督

序号	项目	内容	等级	要求
1	屏柜安装就位	屏柜就位找正	一般	1. 基础型钢的安装应符合下列要求： （1）基础型钢应按设计图纸或设备尺寸制作，其尺寸应与屏、柜相符，不直度和不平度允许偏差 1mm/m、5mm/ 全长，位置偏差及不平行允许偏差 5mm/ 全长。

续表

序号	项目	内容	等级	要求
1	屏柜安装就位	屏柜就位找正	一般	（2）基础型钢安装后，其顶部宜高出最终地面 10 ~20mm。 2. 柜体垂直误差小于 1.5mm/m，相邻两柜顶部水平误差小于 2mm。成列柜顶部水平误差小于 5mm，相邻两柜面误差小于 1mm，成列柜面误差小于 5mm，相间接缝误差小于 2mm
		屏柜固定	一般	1. 盘、柜间及盘、柜上的设备与各构件间连接应牢固。 2. 屏、柜的漆层应完整、无损伤，颜色宜一致；固定电器的支架等应采取防锈蚀措施。 3. 端子箱安装应牢固、封闭良好，并应能防潮、防尘；安装位置应便于检查；成列安装时，应排列整齐
		屏柜接地	一般	1. 基础型钢应有明显且不少于两点的可靠接地。 2. 成套柜的接地母线应与主接地网连接可靠。 3. 屏、柜等的金属框架和底座均应可靠接地，标识规范。可开启的门应采用截面积不小于 $4mm^2$ 且端部压接有终端附件的多股软铜导线与接地的金属框架可靠接地。 4. 盘、柜柜体接地应牢固可靠，标识应明显
		屏柜设备检查	一般	1. 盘、柜上的电器安装应符合下列规定： （1）电器元件质量应良好，型号、规格应符合设计要求，外观应完好，附件应齐全，排列应整齐，固定应牢固，密封应良好。 （2）电器单独拆、装、更换不应影响其他电器及导线束的固定。 （3）压板应接触良好，相邻压板间应有足够的安全距离，切换时不应碰及相邻的压板。 （4）带有照明的盘、柜，照明应完好。 2. 用 500V 绝缘电阻表测量绝缘电阻值，要求阻值均大于 20MΩ
2	端子排	端子排外观检查	一般	1. 端子排应无损坏，固定应牢固，绝缘应良好。 2. 端子应有序号，端子排应便于更换且接线方便；端子排末端离屏、柜底面高度宜大于 350mm
		强、弱电和正、负电源端子排的布置	重要	1. 强、弱电端子应分开布置；当有困难时，应有明显标志，并应设空端子隔开或设置绝缘的隔板。 2. 正、负电源之间以及经常带电的正电源与合闸或跳闸回路之间，应以空端子隔开或设置绝缘的隔板。 3. 照明及加热回路不接入保护柜
		电流、电压回路等特殊回路端子检查	重要	电流回路应经过试验端子，其他需断开的回路宜经特殊端子或试验端子；试验端子应接触良好
		端子与导线截面匹配	重要	1. 接线端子应与导线截面匹配，不应使用小端子配大截面导线。 2. 不同截面的导线不应接入同一端子。 3. $6mm^2$ 及以上导线不应并接
		端子排接线检查	一般	保护屏、柜端子排一个端子的每一端只准许接 1 根导线，其他屏、柜一个端子的每一端接线宜为 1 根，不应超过 2 根
3	二次电缆敷设	电缆截面应合理	重要	1. 屏、柜内的配线应采用标称电压不低于 450V/750V 的铜芯绝缘导线，其他回路导线截面积不小于 $1.5mm^2$。 2. 二次电流回路导线截面不小于 $2.5mm^2$。 3. 主机（装置）的直流电源、交流电流、电压及信号引入回路应采用屏蔽阻燃铠装电缆。 4. 电流互感器（TA）、电压互感器（TV）及跳闸回路的控制导线不应小于 $2.5mm^2$。 5. 一般控制回路截面积不应小于 $1.5mm^2$

续表

序号	项目	内容	等级	要求
3	二次电缆敷设	电缆敷设满足相关要求	重要	1. 强、弱电，交、直流回路不应使用同一根电缆，线芯应分别成束排列。 2. 保护、控制用电缆与电力电缆不应同层敷设，且间距应符合设计要求。 3. 冗余系统的电流回路、电压回路、直流电源回路、双跳闸绕组的控制回路等，不应合用一根多芯电缆。 4. 敷设过程中要注意电缆的绝缘保护，防止割破擦伤。 5. 在同一根电缆中不宜有不同安装单位的电缆芯
		电缆排列	一般	1. 电缆应排列整齐，编号清晰，避免交叉，固定牢固，不得使所接的端子承受机械应力。 2. 电缆套牌悬挂应与实际对应，电缆套牌应指向清晰、内容完整
		电缆屏蔽与接地	重要	1. 铠装电缆进入屏、柜后，应将钢带切断，切断处的端部应扎紧，钢带应在盘、柜侧一点接地（一次地网）。 2. 屏蔽电缆的屏蔽层应接地（专用二次等电位接地网）良好。 3. 直接接入微机型继电保护装置的所有二次电缆均应使用屏蔽电缆，电缆屏蔽层应在电缆两端可靠接地。严禁使用电缆内的空线替代屏蔽层接地
		电缆芯线布置	一般	1. 屏、柜内的电缆芯线接线应牢固、排列整齐，并应留有适当裕度；备用芯线应引至屏、柜顶部或线槽末端，并应标明备用标识，芯线导体不应外露。 2. 电缆芯线和所配导线的端部均应标明其回路编号，编号应正确，字迹清晰且不易脱色。 3. 屏内二次接线紧固、无松动，与出厂图纸相符。 4. 橡胶绝缘的芯线应用外套绝缘管
4	二次电缆接线	接线核对	重要	应按有效图纸施工，接线应正确
		接线紧固检查	重要	导线与电气元件间应采用螺栓连接、插接、焊接或压接等，且均应牢固可靠
		芯线外观检查	重要	1. 屏柜内的导线不应有接头，导线芯线应无损伤。 2. 导线接引处预留长度适当，且各线余量一致。 3. 多股铜芯线每股铜芯都应接入端子，避免裸露在外
		电缆绝缘检查	重要	用 1000V 绝缘电阻表测量电缆各芯线之间和各芯线对地的绝缘情况，阻值均应大于 10MΩ
		电缆芯线编号检查	一般	电缆芯线和所配导线的端部均应标明其回路编号，编号应正确，字迹应清晰且不易脱色
		配线检查	一般	配线应整齐、清晰、美观，导线绝缘应良好，无损伤
		线束绑扎松紧和形式	一般	线束绑扎松紧适当、匀称、形式一致，固定牢固
		备用芯的处理	重要	备用芯预留长度至屏内最远端子处；芯线与屏柜外壳绝缘可靠，标识齐全
		端接片检查	重要	各短接片要压接良好，使用合理，工艺美观，无毛刺；特别是 TA、TV 二次回路的短接片使用，要能方便以后年度检修时做安措；在安措时需加装短接片的端子上宜保留固定螺栓

续表

序号	项目	内容	等级	要求
5	屏内接地	主机机箱外壳接地	重要	主机（装置）的机箱外壳应可靠接地，以保证主机（装置）有良好的抗干扰能力
		接地铜排	重要	1. 盘、柜内二次回路接地应设接地铜排；静态保护和控制装置屏、柜内部应设有截面积不小于 100mm^2 的接地铜排，接地铜排上应预留接地螺栓孔，螺栓孔数量应满足盘、柜内接地线接地的需要；静态保护和控制装置屏、柜接地连接线应采用不小于 50mm^2 的带绝缘铜导线或铜缆与接地网连接，接地网设置应符合设计要求。 2. 应采取有效措施防止空间磁场对二次电缆的干扰，宜根据开关场和一次设备安装的实际情况，敷设与厂、站主接地网紧密连接的等电位接地网。等电位接地网应满足以下要求： （1）应在主控室、保护室、敷设二次电缆的沟道、开关场的就地端子箱及保护用结合滤波器等处，使用截面积不小于 100mm^2 的裸铜排（缆）敷设与主接地网紧密连接的等电位接地网。 （2）在主控室、保护室柜屏下层的电缆室（或电缆沟道）内，按柜屏布置的方向敷设 100mm^2 的专用铜排（缆），将该专用铜排（缆）首末端连接，形成保护室内的等电位接地网。保护室内的等电位接地网与厂、站的主接地网只能存在唯一连接点，连接点位置宜选择在电缆竖井处。为保证连接可靠，连接线必须用至少 4 根以上、截面积不小于 50mm^2 的铜缆（排）构成共点接地。 3. 屏内应设置两个接地铜排，一个为一次地，另一个为二次地
		接地线检查	重要	1. 电缆屏蔽层应使用截面积不小于 4mm^2 多股铜质软导线可靠连接到等电位接地铜排上。 2. 屏柜的门等活动部分应使用截面积不小于 4mm^2 多股铜质软导线与屏柜体良好连接。 3. 交流供电电源（打印机、照明）的中性线（零线）不应接入等电位接地网。 4. 电流、电压回路二次地接入等电位接地网。 5. 公用电流互感器二次绕组二次回路只允许且必须在相关保护柜屏内一点接地。独立的、与其他电压互感器和电流互感器的二次回路没有电气联系的二次回路应在开关场一点接地。对于变压器差动保护、母线差动保护用各支路电流互感器二次绕组中性线，应在保护屏内分别独立接至屏柜内接地铜排
6	标示	标示安装	一般	1. 屏柜的正面及背面各电器、端子牌等应标明编号、名称、用途及操作位置，其标明的字迹应清晰、工整，且不易脱色。 2. 保护压板分色配置
7	防火密封	防火密封	重要	1. 安装调试完毕后，在电缆进出盘、柜的底部或顶部以及电缆管口处应进行防火封堵，封堵应严密。 2. 电缆沟进线处和屏柜内底部应安装防火板，电缆缝隙、空洞应使用防火堵料进行封堵，要求密封良好，工艺美观

2.4.3 功能调试监督

序号	项目	内容	等级	要求
1	保护装置上电	人机对话功能	一般	装置液晶显示正常，数据显示清晰，各按键、按钮操作灵敏可靠
		版本检查	重要	软件版本和 CRC 码正确
		时钟检查	一般	时钟显示正确，与同步时钟对时功能正常
		定值	重要	装置定值的修改和固化功能正常；装置电源丢失后原定值不改变
		电源检查	重要	1. 拉合三次直流工作电源及将直流电源缓慢变化（降或升），保护装置应不误动和误发保护动作信号。 2. 80%U_n 直流电源拉合试验：直流电源调至 80%U_n，连续断开、合上电源开关几次，“运行”绿灯应能相应地熄灭、点亮
		打印机检查	一般	打印机功能使用正常，保护装置可以正常与之通信并打印
2	采样回路	交流量采样检查	重要	将装置电流电压回路断开，检查零漂值，要求其稳定在 0.01I_n 或 0.05V 以内；使用继电保护测试仪，在施加额定电压、额定电流下，装置采样值误差不大于 5%，相角误差不大于 3°
3	保护开入、开出检查	开入功能检查	重要	验证各压板、端子排开入正确；信号复归、打印等按键功能正常
		开出功能检查	重要	检查各跳闸出口（压板一一对应）、启动录波、遥信开出正确
4	电量保护逻辑验证	调相机差动	重要	1. 在 1.05 倍差流定值时，差动保护应可靠动作；在 0.95 倍差流定值时，差动保护应可靠不动作。 2. 动作时间（2 倍整定电流时）不大于 30ms。 3. 选取差动比率制动折线上不同的点分别模拟故障，验证差动比率制动系数，比率制动系数 K 误差不应超过 5%。 4. 装置面板指示灯、液晶显示及后台报文正确
		调相机定子匝间保护	重要	在 1.025 倍纵向零序电压定值时，匝间保护应可靠动作；在 0.975 倍纵向零序电压定值时，匝间保护应可靠不动作；装置面板指示灯、液晶显示及后台报文均正确
		调相机复压过流保护	重要	在 1.025 倍过流定值时，复压过流保护应可靠动作；在 0.975 倍过流定值时，复压过流保护应可靠不动作；装置面板指示灯、液晶显示及后台报文均正确
		调相机定子接地保护	重要	1. 基波零序电压定子接地保护：在 1.025 倍零序电压定值时，基波零序电压定子接地保护应可靠动作；在 0.975 倍零序电压定值时，基波零序电压定子接地保护应可靠不动作。 2. 三次谐波零序电压定子接地保护：在 1.025 倍三次谐波电压比值时，三次谐波零序电压定子接地保护应可靠动作；在 0.975 倍三次谐波电压比值时，三次谐波零序电压定子接地保护应可靠不动作。 3. 装置面板指示灯、液晶显示及后台报文均正确
		调相机注入式定子接地保护	重要	在 0.95 倍电阻定值时，注入式定子接地保护应可靠动作；在 1.05 倍电阻定值时，注入式定子接地保护应可靠不动作;装置面板指示灯、液晶显示及后台报文均正确
		调相机转子接地保护	重要	1. 乒乓式转子接地保护：在 0.95 倍电阻定值时，保护应可靠动作；在 1.05 倍电阻定值时，保护应可靠不动作。 2. 注入式转子接地保护：在 0.95 倍电阻定值时，保护应可靠动作；在 1.05 倍电阻定值时，保护应可靠不动作。 3. 装置面板指示灯、液晶显示及后台报文均正确

续表

序号	项目	内容	等级	要求
4	电量保护逻辑验证	调相机过励磁保护	重要	在 1.025 倍过励磁倍数定值时，过励磁保护应可靠动作；在 0.975 倍过励磁倍数定值时，过励磁保护应可靠不动作；装置面板指示灯、液晶显示及后台报文均正确
		调相机过电压保护	重要	在 1.025 倍过电压定值时，调相机过电压保护应可靠动作；在 0.975 倍过电压定值时，调相机过电压保护应可靠不动作；装置面板指示灯、液晶显示及后台报文均正确
		调相机失磁保护	重要	在 0.975 倍低电压定值、0.95 倍转子电压定值时，调相机失磁保护应可靠动作；在 1.025 倍低电压定值、1.05 倍转子电压定值时，调相机失磁保护应可靠不动作；装置面板指示灯、液晶显示及后台报文均正确
		调相机定子过负荷保护	重要	在 1.025 倍定子过负荷定值时，定子过负荷保护应可靠动作；在 0.975 倍定子过负荷定值时，定子过负荷保护应可靠不动作；装置面板指示灯、液晶显示及后台报文均正确
		调相机负序过负荷	重要	在 1.025 倍负序过负荷定值时，负序过负荷保护应可靠动作；在 0.975 倍负序过负荷定值时，负序过负荷保护应可靠不动作；装置面板指示灯、液晶显示及后台报文均正确
		励磁绕组过负荷保护	重要	在 1.025 倍励磁绕组过负荷定值时，励磁绕组过负荷保护应可靠动作；在 0.975 倍励磁绕组过负荷定值时，励磁绕组过负荷保护应可靠不动作；装置面板指示灯、液晶显示及后台报文均正确
		调相机误上电保护	重要	在 1.05 倍定值时，调相机误上电保护应可靠动作；在 0.95 倍定值时，调相机误上电保护应可靠不动作；装置面板指示灯、液晶显示及后台报文均正确
		低压解列保护	重要	在 0.975 倍电压定值时，低压解列保护应可靠动作；在 1.025 倍电压定值时，低压解列保护应可靠不动作；装置面板指示灯、液晶显示及后台报文均正确
		调相机启机差动保护	重要	在 1.05 倍差流定值时，启动差动保护应可靠动作；在 0.95 倍差流定值时，启动差动保护应可靠不动作；装置面板指示灯、液晶显示及后台报文正确
		调相机启机过电流保护	重要	在 1.05 倍过流定值时，启动过流保护应可靠动作；在 0.95 倍过流定值时，启动过流保护应可靠不动作；装置面板指示灯、液晶显示及后台报文正确
		调相机启机零序电压保护	重要	在 1.05 倍零压定值时，启动零压保护应可靠动作；在 0.95 倍零压定值时，启动零压保护应可靠不动作；装置面板指示灯、液晶显示及后台报文正确
		开关量保护	重要	分别模拟（开入量）等非电量动作试验，装置开入变位及信号正确，后台报文正确
		主变压器差动	重要	1. 在 1.05 倍差流定值时，差动保护应可靠动作，装置面板指示灯、液晶显示及后台报文均正确；在 0.95 倍差流定值时，差动保护应可靠不动作。 2. 选取差动比率制动折线上不同的点分别模拟故障，验证差动比率制动系数，比率制动系数 K 误差不应超过 5%。 3. 在加入 1.05 倍二次谐波制动含量，保护可靠不动作；差流大于差动速断定值时，不经谐波制动，差动速断定值误差应不大于 5%，动作时间应不大于 20ms

续表

序号	项目	内容	等级	要求
4	电量保护逻辑验证	主变压器高压侧复压过流保护	重要	在 1.025 倍过流定值时，过流保护应可靠动作；在 0.975 倍负序电流定值时，过流保护应可靠不动作；装置面板指示灯、液晶显示及后台报文均正确
		主变压器高压侧零序过流保护	重要	在 1.025 倍零序电流定值时，零序过流保护应可靠动作；在 0.975 倍零序电流定值时，零序过流保护应可靠不动作；装置面板指示灯、液晶显示及后台报文均正确
		主变压器过励磁保护	重要	在 1.025 倍过励磁倍数定值时，保护应可靠动作；在 0.975 倍过励磁倍数定值时，保护应可靠不动作；装置面板指示灯、液晶显示及后台报文均正确
		主变压器过负荷保护	重要	加入 1.025 倍过负荷电流定值，时间大于过负荷延时，装置可靠发报警信息；装置面板指示灯、液晶显示及后台报文均正确
		断路器闪络保护	重要	在 1.025 倍负序电流定值时，断路器闪络保护应可靠动作；在 0.975 倍负序电流定值时，断路器闪络保护应可靠不动作；装置面板指示灯、液晶显示及后台报文均正确
		断路器非全相	重要	模拟三相不一致接点动作，零序电流、负序电流达到动作值时保护动作；装置面板指示灯、液晶显示及后台报文均正确
		励磁变差动	重要	在 1.05 倍差流定值时，差动保护应可靠动作；在 0.95 倍差流定值时，差动保护应可靠不动作；在加入 1.05 倍二次谐波制动含量，保护可靠不动作；差流大于差动速断定值时，不经谐波制动；装置面板指示灯、液晶显示及后台报文正确
		励磁过流保护	重要	在 1.05 倍过流定值时，过流保护应可靠动作；在 0.95 倍过流定值时，过流保护应可靠不动作；装置面板指示灯、液晶显示及后台报文正确
		TA 断线报警	重要	1. 使用继电保护测试仪模拟测试装置 TV 断线功能，应有相应 TV 断线告警。 2. 装置面板指示灯、液晶显示及后台报文均正确
		TV 断线报警	重要	1. 使用继电保护测试仪模拟测试装置 TA 断线功能，应有相应 TA 断线告警。 2. 装置面板指示灯、液晶显示及后台报文均正确
5	非电量保护逻辑验证	非电量保护功能检查	重要	分别模拟热工保护（断水、振动等）、主变压器重瓦斯、主变压器压力释放、主变压器油温高、主变压器绕组温度高、励磁变压器温度保护等非电量动作试验，装置开入变位及信号正确，后台报文正确
		非电量保护防雨、防潮措施		户外气体继电器、油温表、压力释放阀等非电量保护装置要安装好防雨罩，做好防雨、防潮措施
6	整组传动	整组传动试验	重要	1. 使用继电保护测试仪，模拟保护动作，分别至相关断路器保护、操作箱进行测量，验证压板和回路的唯一性、正确性。 2. 将所有保护压板均在正常投入状态，定值整定完毕，断路器在合位，合上断路器控制电源；模拟各类调变组故障，相应保护均应能正确动作，启动录波、信号及报文等应完整

续表

序号	项目	内容	等级	要求
7	二次回路	二次回路试验	重要	1. 试验完毕恢复二次回路端子时，为防止 TA 二次开路、TV 二次短路，需测量 TA、TV 回路的内阻、外阻及全回路电阻，发现问题及时处理。 2. 检查 TV 变比、组别、极性使用正确，从现场 TA 至保护屏柜的电流二次回路进行通流试验，测量各点电流值符合要求，测量回路负载符合要求，检查无开路及两点接地情况。 3. 检查 TV 变比、组别、极性使用正确，从现场 TV 至保护屏柜的电压二次回路进行加压试验，采取防止反送电的措施，测量各点电压值符合要求，测量回路负载符合要求，检查无短路及二点接地情况。 4. 从保护屏柜的端子排处将所有外部引入的回路及电缆全部断开，分别将电流、电压、直流控制、信号回路的所有端子各自连接在一起，用 1000V 绝缘电阻表测量绝缘电阻，各回路对地以及各回路相互间阻值均应大于 10MΩ
8	带负荷试验	电压二次回路核相	重要	三相电压幅值正常，相序为正序；各回路间测量角差与理论值相符
		电流二次回路带负荷校验	重要	1. 在负荷电流不小于 10%I_n（额定电流）时进行，三相电流幅值平衡，相序为正序。 2. 检查保护装置差流正常。 3. 测量值与装置采样值相符。 4. 根据现场结果绘制六角图，符合计算值要求

2.5 调相机同期装置

2.5.1 到场监督

序号	项目	内容	等级	要求
1	屏柜拆箱检查	屏柜外观检查	一般	屏柜外观应完整，颜色与订货相符，无外力损伤及变形痕迹，屏柜内无淋雨、受潮或凝水情况
		元器件完整性检查	重要	1. 屏内同期装置、转换开关、按钮、标签框、空气开关、端子排、端子盒、继电器、接地铜牌、门接地线等元器件应完整良好，且与装箱清单以及设计图纸数目、型号相符。 2. 设备应有铭牌或相当于铭牌的标志，内容包括制造厂名称和商标、设备型号和名称
		技术资料检查	一般	随屏图纸、说明书、合格证等相关资料齐全，并扫描存档
2	附件及专用工器具	备品备件	重要	检查是否有相关备品备件，数量及型号是否与合同相符，做好相应记录
		专用工器具	重要	1. 记录随设备到场的专用工器具，列出专用工器具清单，检查专用工器具是否齐备及能否正常使用，并妥善保管。 2. 如施工单位需借用相关工器具，须履行借用手续

2.5.2 安装监督

序号	项目	内容	等级	要求
1	屏柜安装就位	屏柜就位找正	一般	1. 基础型钢的安装应符合下列要求： （1）基础型钢应按设计图纸或设备尺寸制作，其尺寸应与屏、柜相符，不直度和不平度允许偏差 1mm/m、5mm/ 全长，位置偏差及不平行允许偏差 5mm/ 全长。 （2）基础型钢安装后，其顶部宜高出最终地面 10 ~20mm。 2. 柜体垂直误差小于 1.5mm/m，相邻两柜顶部水平误差小于 2mm。成列柜顶部水平误差小于 5mm，相邻两柜面误差小于 1mm，成列柜面误差小于 5mm，相间接缝误差＜ 2mm
		屏柜固定	一般	1. 盘、柜间及盘、柜上的设备与各构件间连接应牢固。 2. 屏、柜的漆层应完整、无损伤，颜色宜一致；固定电器的支架等应采取防锈蚀措施。 3. 端子箱安装应牢固、封闭良好，并应能防潮、防尘；安装位置应便于检查；成列安装时，应排列整齐
		屏柜接地	一般	1. 基础型钢应有明显且不少于两点的可靠接地。 2. 成套柜的接地母线应与主接地网连接可靠。 3. 屏、柜等的金属框架和底座均应可靠接地，标识规范。可开启的门应采用截面积不小于 4mm^2 且端部压接有终端附件的多股软铜导线与接地的金属框架可靠接地。 4. 盘、柜柜体接地应牢固可靠，标识应明显
		屏柜设备检查	一般	1. 盘、柜上的电器安装应符合下列规定： （1）电器元件质量应良好，型号、规格应符合设计要求，外观应完好，附件应齐全，排列应整齐，固定应牢固，密封应良好。 （2）电器单独拆、装、更换不应影响其他电器及导线束的固定。 （3）压板应接触良好，相邻压板间应有足够的安全距离，切换时不应碰及相邻的压板。 （4）带有照明的盘、柜，照明应完好。 2. 用 500V 绝缘电阻表测量绝缘电阻值，要求阻值均大于 20MΩ
2	端子排检查	端子排外观检查	一般	1. 端子排应无损坏，固定应牢固，绝缘应良好。 2. 端子应有序号，端子排应便于更换且接线方便；端子排末端离屏、柜底面高度宜大于 350mm。
		强、弱电和正、负电源端子排的布置	重要	1. 强、弱电端子应分开布置，当有困难时，应有明显标志，并应设空端子隔开或设置绝缘的隔板。 2. 正、负电源之间以及经常带电的正电源与合闸或跳闸回路之间，应以空端子隔开或设置绝缘的隔板。 3. 照明及加热回路不接入保护柜
		电压回路等特殊回路端子检查	重要	电流回路应经过试验端子，其他需断开的回路宜经特殊端子或试验端子；试验端子应接触良好
		端子与导线截面匹配	重要	1. 接线端子应与导线截面匹配，不应使用小端子配大截面导线。 2. 不同截面的导线不应接入同一端子。 3. 6mm^2 及以上导线不应并接
		端子排接线检查	一般	保护屏、柜端子排一个端子的每一端只准许接 1 根导线，其他屏、柜一个端子的每一端接线宜为 1 根，不应超过 2 根

续表

序号	项目	内容	等级	要求
3	二次电缆敷设	电缆截面应合理	重要	1. 屏、柜内的配线应采用标称电压不低于450V/750V的铜芯绝缘导线，其他回路导线截面积不小于1.5mm^2。 2. 二次电流回路导线截面积不小于2.5mm^2。 3. 主机（装置）的直流电源、交流电流、电压及信号引入回路应采用屏蔽阻燃铠装电缆。 4. 电流互感器（TA）、电压互感器（TV）及跳闸回路的控制导线不应小于2.5mm^2。 5. 一般控制回路截面积不应小于1.5mm^2
		电缆敷设满足相关要求	重要	1. 强、弱电，交、直流回路不应使用同一根电缆，线芯应分别成束排列。 2. 保护、控制用电缆与电力电缆不应同层敷设，且间距应符合设计要求。 3. 冗余系统的电流回路、电压回路、直流电源回路、双跳闸绕组的控制回路等，不应合用一根多芯电缆。 4. 敷设过程中要注意电缆的绝缘保护，防止割破擦伤。 5. 在同一根电缆中不宜有不同安装单位的电缆芯
		电缆排列	一般	1. 电缆应排列整齐，编号清晰，避免交叉，固定牢固，不得使所接的端子承受机械应力。 2. 电缆套牌悬挂应与实际对应，电缆套牌应指向清晰、内容完整
		电缆屏蔽与接地	重要	1. 铠装电缆进入屏、柜后，应将钢带切断，切断处的端部应扎紧，钢带应在盘、柜侧一点接地（一次地网）。 2. 屏蔽电缆的屏蔽层应接地（专用二次等电位接地网）良好。 3. 直接接入微机型继电保护装置的所有二次电缆均应使用屏蔽电缆，电缆屏蔽层应在电缆两端可靠接地。严禁使用电缆内的空线替代屏蔽层接地
		电缆芯线布置	一般	1. 屏、柜内的电缆芯线接线应牢固、排列整齐，并应留有适当裕度。备用芯线应引至屏、柜顶部或线槽末端，并应标明备用标识，芯线导体不应外露。 2. 电缆芯线和所配导线的端部均应标明其回路编号，编号应正确，字迹清晰且不易脱色。 3. 屏内二次接线紧固、无松动，与出厂图纸相符。 4. 橡胶绝缘的芯线应用外套绝缘管
4	二次电缆接线	接线核对	重要	应按有效图纸施工，接线应正确
		接线紧固检查	重要	导线与电气元件间应采用螺栓连接、插接、焊接或压接等，且均应牢固可靠。
		芯线外观检查	重要	1. 屏柜内的导线不应有接头，导线芯线应无损伤。 2. 导线接引处预留长度适当，且各线余量一致。 3. 多股铜芯线每股铜芯都应接入端子，避免裸露在外
		电缆绝缘检查	重要	用1000V绝缘电阻表测量电缆各芯线之间和各芯线对地的绝缘情况，阻值均应大于10MΩ
		电缆芯线编号检查	重要	电缆芯线和所配导线的端部均应标明其回路编号，编号应正确，字迹应清晰且不易脱色
		配线检查	重要	配线应整齐、清晰、美观，导线绝缘应良好，无损伤
		端子并接线检查	重要	每个接线端子的每侧接线宜为1根，不得超过2根。不同截面的两根导线禁止接在同一端子上

续表

序号	项目	内容	等级	要求
4	二次电缆接线	线束绑扎松紧和形式	一般	线束绑扎松紧适当、匀称、形式一致，固定牢固
		备用芯的处理	重要	备用芯预留长度至屏内最远端子处；芯线与屏柜外壳绝缘可靠，标识齐全
		端接片检查	重要	各短接片要压接良好，使用合理，工艺美观，无毛刺；特别是 TA、TV 二次回路的短接片使用，要能方便以后年度检修时做安措；在安措时需加装短接片的端子上宜保留固定螺栓
5	屏内接地	主机机箱外壳接地	重要	主机（装置）的机箱外壳应可靠接地，以保证主机（装置）有良好的抗干扰能力
		接地铜排	重要	1. 盘、柜内二次回路接地应设接地铜排；静态保护和控制装置屏、柜内部应设有截面积不小于 $100mm^2$ 的接地铜排，接地铜排上应预留接地螺栓孔，螺栓孔数量应满足盘、柜内接地线接地的需要；静态保护和控制装置屏、柜接地连接线应采用不小于 $50mm^2$ 的带绝缘铜导线或铜缆与接地网连接，接地网设置应符合设计要求。 2. 应采取有效措施防止空间磁场对二次电缆的干扰，宜根据开关场和一次设备安装的实际情况，敷设与厂、站主接地网紧密连接的等电位接地网。等电位接地网应满足以下要求： （1）应在主控室、保护室、敷设二次电缆的沟道、开关场的就地端子箱及保护用结合滤波器等处，使用截面积不小于 $100mm^2$ 的裸铜排（缆）敷设与主接地网紧密连接的等电位接地网。 （2）在主控室、保护室柜屏下层的电缆室（或电缆沟道）内，按柜屏布置的方向敷设 $100mm^2$ 的专用铜排（缆），将该专用铜排（缆）首末端连接，形成保护室内的等电位接地网。保护室内的等电位接地网与厂、站的主接地网只能存在唯一连接点，连接点位置宜选择在电缆竖井处。为保证连接可靠，连接线必须用至少 4 根以上、截面积不小于 $50mm^2$ 的铜缆（排）构成共点接地。 3. 屏内应设置两个接地铜排，一个为一次地，一个为二次地
		接地线检查	重要	1. 电缆屏蔽层应使用截面积不小于 $4mm^2$ 多股铜质软导线可靠连接到等电位接地铜排上。 2. 屏柜的门等活动部分应使用截面积不小于 $4mm^2$ 多股铜质软导线与屏柜体良好连接。 3. 交流供电电源（打印机、照明）的中性线（零线）不应接入等电位接地网。 4. 电流、电压回路二次地接入等电位接地网。 5. 公用电流互感器二次绕组二次回路只允许且必须在相关保护柜屏内一点接地。独立的、与其他电压互感器和电流互感器的二次回路没有电气联系的二次回路应在开关场一点接地。对于变压器差动保护、母线差动保护用各支路电流互感器二次绕组中性线，应在保护屏内分别独立接至屏柜内接地铜排
6	标示安装	标示安装检查	一般	屏柜的正面及背面各电器、端子牌等应标明编号、名称、用途及操作位置，其标明的字迹应清晰、工整，且不易脱色
7	防火密封	防火密封检查	一般	1. 安装调试完毕后，在电缆进出盘、柜的底部或顶部以及电缆管口处应进行防火封堵，封堵应严密。 2. 电缆沟进线处和屏柜内底部应安装防火板，电缆缝隙、空洞应使用防火堵料进行封堵，要求密封良好，工艺美观

2.5.3 功能调试监督

序号	项目	内容	等级	要求
1	同期装置上电检查	人机对话功能	一般	装置液晶显示正常，数据显示清晰，各按键、按钮操作灵敏可靠
		版本检查	重要	软件版本正确
		时钟检查	一般	时钟显示正确，与同步时钟对时功能正常
		定值	重要	装置定值的修改和固化功能正常；装置电源丢失后原定值不改变
		电源检查	重要	1. 拉合三次直流工作电源及将直流电源缓慢变化（降或升），保护装置应不误动和误发保护动作信号。 2. 80%U_n 直流电源拉合试验：直流电源调至 80%U_n，连续断开、合上电源开关几次，“运行”绿灯应能相应地熄灭、点亮
2	采样检查	交流量采样检查	重要	1. 将装置电压回路断开，检查零漂值，要求其稳定在 0.01U_n 或 0.05V 以内；使用继电保护测试仪，在施加额定电压，装置采样值误差不大于 5%，相角误差不大于 0.5°，频率误差不大于 0.01Hz。 2. 测量误差：电压，±0.01U_n（49.5~50.5Hz 范围内）；频率，±0.01 Hz（48~52Hz 范围内），相角误差小于 1 度。
3	开入、开出检查	开入功能检查	重要	验证开入正确，信号复归启动同期等功能正常
		开出功能检查	重要	1. 报警信号接点检查。 2. 输出接点检查：模拟同期合闸出口、升压、降压，检查接点由断开到闭合
4	功能验证	自动准同期（检同期方式）	重要	1. 压差小于允许值、频差小于允许值、角差小于允许值时自动准同期实现合闸。 2. 判断机端电压的正相序闭锁功能。 3. 导前时间测定。 4. 同步表旋转方向、同步点测试。 5. 装置面板指示灯、液晶显示及后台报文均正确
		运行告警	重要	1. 当装置检测到下列异常状况时，发出运行异常信号，面板报警灯亮： （1）压差越限。 （2）频差越限。 （3）角差越限。 （4）频差加速度越限。 （5）系统侧电压低。 （6）待并侧电压低。 （7）系统侧 TV 断线。 （8）待并侧 TV 断线。 （9）待并侧过压告警。 2. 装置面板指示灯、液晶显示及后台报文均正确
5	整组传动试验	同期装置带断路器合闸试验	重要	1. 测试开关合闸时间。 2. 测试同期装置出口时间。 3. 初步整定导前时间。 4. 检查 DCS 顺序控制同期各环节正确。 5. 检查至励磁系统调压回路正常
6	二次回路	绝缘测试	重要	从屏柜的端子排处将所有外部引入的回路及电缆全部断开，分别将电压、直流控制、信号回路的所有端子各自连接在一起，用 1000V 绝缘电阻表测量绝缘电阻，各回路对地以及各回路相互间阻值均应大于 10MΩ

续表

序号	项目	内容	等级	要求
6	二次回路	电压二次回路试验	重要	1. 检查TV变比、组别、极性使用正确，从现场TV至同期屏柜的电压二次回路进行加压试验，采取防止反送电的措施，测量各点电压值符合要求，检查无短路及二点接地情况。 2. 试验完毕恢复二次回路端子时，为防止TV二次短路，需测量TV回路的内阻、外阻及全回路电阻，发现问题及时处理
7	同源二次核相	同源二次核相试验	重要	1. 断开调相机出口封母软连接，由500kV母线带升压变、机端TV进行同期电压回路的同源二次核相试验。 2. 检查同期装置机端电压为正相序，测量待定侧和系统侧电压幅值和相位满足系统接线要求。 3. 观察同步表指示在12点位置
8	假同期	假同期并网试验	重要	1. 核查增、减磁回路、TV极性等回路是否正确。 2. 测量导前时间，不少于五次。 3. 假同期过程中录波，导前时间根据波形和装置记录的时间整定。 4. 验证同期装置允许频差定值在变滑差并网过程中的合理性，验证同期并网定值的设置范围是否合适。 5. 验证调相机在惰走过程中DCS顺序控制与同期、励磁系统配合合理性
9	自动准同期并网试验	自动准同期并网试验	重要	并网过程中录波，要求录取机端电压波形、主变压器高压侧电压波形、转子励磁电压波形、调相机机端冲击电流波形、主变压器高压侧电流波形、转子励磁电流波形（电流波形由专门录波装置获取）、调相机转速波形

2.6 SFC隔离变压器保护装置

2.6.1 到场监督

序号	项目	内容	等级	要求
1	屏柜拆箱检查	屏柜外观检查	一般	屏柜外观应完整，颜色与订货相符，无外力损伤及变形痕迹，屏柜内无淋雨、受潮或凝水情况
		元器件完整性检查	重要	1. 屏内保护装置、打印机、转换开关、按钮、标签框、空气开关、端子排、端子盒、继电器、接地铜牌、门接地线等元器件应完整良好，且与装箱清单以及设计图纸数目、型号相符。 2. 设备应有铭牌或相当于铭牌的标志，内容包括制造厂名称和商标、设备型号和名称
		技术资料检查	一般	随屏图纸、说明书、合格证等相关资料齐全，并扫描存档。
2	附件及专用工器具	备品备件	重要	检查是否有相关备品备件，数量及型号是否相符，做好相应记录
		专用工器具	重要	1. 记录随设备到场的专用工器具，列出专用工器具清单，检查专用工器具是否齐备及能否正常使用，并妥善保管。 2. 如施工单位需借用相关工器具，须履行借用手续

2.6.2 安装监督

<table>
<tr><th>序号</th><th>项目</th><th>内容</th><th>等级</th><th>要求</th></tr>
<tr><td rowspan="4">1</td><td rowspan="4">屏柜安装就位</td><td>屏柜就位找正</td><td>一般</td><td>1. 基础型钢的安装应符合下列要求：
（1）基础型钢应按设计图纸或设备尺寸制作，其尺寸应与屏、柜相符，不直度和不平度允许偏差 1mm/m、5mm/ 全长，位置偏差及不平行允许偏差 5mm/ 全长。
（2）基础型钢安装后，其顶部宜高出最终地面 10~20mm。
2. 柜体垂直误差小于 1.5mm/m，相邻两柜顶部水平误差小于 2mm。成列柜顶部水平误差小于 5mm，相邻两柜面误差小于 1mm，成列柜面误差小于 5mm，相间接缝误差小于 2mm</td></tr>
<tr><td>屏柜固定</td><td>一般</td><td>1. 盘、柜间及盘、柜上的设备与各构件间连接应牢固。
2. 屏、柜的漆层应完整、无损伤，颜色宜一致；固定电器的支架等应采取防锈蚀措施。
3. 端子箱安装应牢固、封闭良好，并应能防潮、防尘；安装位置应便于检查；成列安装时，应排列整齐</td></tr>
<tr><td>屏柜接地</td><td>一般</td><td>1. 基础型钢应有明显且不少于两点的可靠接地。
2. 成套柜的接地母线应与主接地网连接可靠。
3. 屏、柜等的金属框架和底座均应可靠接地，标识规范。可开启的门应采用截面积不小于 4mm^2 且端部压接有终端附件的多股软铜导线与接地的金属框架可靠接地。
4. 盘、柜体接地应牢固可靠，标识应明显</td></tr>
<tr><td>屏柜设备检查</td><td>一般</td><td>1. 盘、柜上的电器安装应符合下列规定：
（1）电器元件质量应良好，型号、规格应符合设计要求，外观应完好，附件应齐全，排列应整齐，固定应牢固，密封应良好。
（2）电器单独拆、装、更换不应影响其他电器及导线束的固定。
（3）压板应接触良好，相邻压板间应有足够的安全距离，切换时不应碰及相邻的压板。
（4）带有照明的盘、柜，照明应完好。
2. 用 500V 绝缘电阻表测量绝缘电阻值，要求阻值均大于 20MΩ</td></tr>
<tr><td rowspan="5">2</td><td rowspan="5">端子排检查</td><td>端子排外观检查</td><td>一般</td><td>1. 端子排应无损坏，固定应牢固，绝缘应良好。
2. 端子应有序号，端子排应便于更换且接线方便；端子排末端离屏、柜底面高度宜大于 350mm</td></tr>
<tr><td>强、弱电和正、负电源端子排的布置</td><td>重要</td><td>1. 强、弱电端子应分开布置；当有困难时，应有明显标志，并应设空端子隔开或设置绝缘的隔板。
2. 正、负电源之间以及经常带电的正电源与合闸或跳闸回路之间，应以空端子隔开或设置绝缘的隔板。
3. 照明及加热回路不接入保护柜</td></tr>
<tr><td>电流、电压回路等特殊回路端子检查</td><td>重要</td><td>电流回路应经过试验端子，其他需断开的回路宜经特殊端子或试验端子；试验端子应接触良好</td></tr>
<tr><td>端子与导线截面匹配</td><td>重要</td><td>1. 接线端子应与导线截面匹配，不应使用小端子配大截面导线。
2. 不同截面的导线不应接入同一端子。
3. 6mm^2 及以上导线不应并接</td></tr>
<tr><td>端子排接线检查</td><td>一般</td><td>保护屏、柜端子排一个端子的每一端只准许接 1 根导线，其他屏、柜一个端子的每一端接线宜为 1 根，不应超过 2 根</td></tr>
</table>

续表

序号	项目	内容	等级	要求
3	二次电缆敷设	电缆截面应合理	重要	1. 屏、柜内的配线应采用标称电压不低于450V/750V的铜芯绝缘导线，其他回路导线截面积不小于$1.5mm^2$。 2. 二次电流回路导线截面积不小于$2.5mm^2$。 3. 主机（装置）的直流电源、交流电流、电压及信号引入回路应采用屏蔽阻燃铠装电缆。 4. 电流互感器（TA）、电压互感器（TV）及跳闸回路的控制导线不应小于$2.5mm^2$。 5. 一般控制回路截面积不应小于$1.5mm^2$
		电缆敷设满足相关要求	重要	1. 强、弱电，交、直流回路不应使用同一根电缆，线芯应分别成束排列。 2. 保护、控制用电缆与电力电缆不应同层敷设，且间距应符合设计要求。 3. 冗余系统的电流回路、电压回路、直流电源回路、双跳闸绕组的控制回路等，不应合用一根多芯电缆。 4. 敷设过程中要注意电缆的绝缘保护，防止割破擦伤。 5. 在同一根电缆中不宜有不同安装单位的电缆芯
		电缆排列	一般	1. 电缆应排列整齐，编号清晰，避免交叉，固定牢固，不得使所接的端子承受机械应力。 2. 电缆套牌悬挂应与实际对应，电缆套牌应指向清晰、内容完整
		电缆屏蔽与接地	重要	1. 铠装电缆进入屏、柜后，应将钢带切断，切断处的端部应扎紧，钢带应在盘、柜侧一点接地（一次地网）。 2. 屏蔽电缆的屏蔽层应接地（专用二次等电位接地网）良好。 3. 直接接入微机型继电保护装置的所有二次电缆均应使用屏蔽电缆，电缆屏蔽层应在电缆两端可靠接地。严禁使用电缆内的空线替代屏蔽层接地
		电缆芯线布置	一般	1. 屏、柜内的电缆芯线接线应牢固、排列整齐，并应留有适当裕度；备用芯线应引至屏、柜顶部或线槽末端，并应标明备用标识，芯线导体不应外露。 2. 电缆芯线和所配导线的端部均应标明其回路编号，编号应正确，字迹清晰且不易脱色。 3. 屏内二次接线紧固、无松动，与出厂图纸相符。 4. 橡胶绝缘的芯线应用外套绝缘管
4	二次电缆接线	接线核对	重要	应按有效图纸施工，接线应正确
		接线紧固检查	重要	导线与电气元件间应采用螺栓连接、插接、焊接或压接等，且均应牢固可靠
		芯线外观检查	重要	1. 屏柜内的导线不应有接头，导线芯线应无损伤。 2. 导线接引处预留长度适当，且各线余量一致。 3. 多股铜芯线每股铜芯都应接入端子，避免裸露在外
		电缆绝缘检查	重要	用1000V绝缘电阻表测量电缆各芯线之间和各芯线对地的绝缘情况，阻值均应大于10MΩ
		电缆芯线编号检查	重要	电缆芯线和所配导线的端部均应标明其回路编号，编号应正确，字迹应清晰且不易脱色
		配线检查	重要	配线应整齐、清晰、美观，导线绝缘应良好，无损伤
		端子并接线检查	重要	每个接线端子的每侧接线宜为1根，不得超过2根。不同截面的两根导线禁止接在同一端子上

续表

序号	项目	内容	等级	要求
4	二次电缆接线	线束绑扎松紧和形式	一般	线束绑扎松紧适当、匀称、形式一致，固定牢固
		备用芯的处理	重要	备用芯预留长度至屏内最远端子处；芯线与屏柜外壳绝缘可靠，标识齐全
		端接片检查	重要	各短接片要压接良好，使用合理，工艺美观，无毛刺；特别是TA、TV二次回路的短接片使用，要能方便以后年度检修时做安措；在安措时需加装短接片的端子上宜保留固定螺栓
5	屏内接地	主机机箱外壳接地	重要	主机（装置）的机箱外壳应可靠接地，以保证主机（装置）有良好的抗干扰能力
		接地铜排	重要	1. 盘、柜内二次回路接地应设接地铜排；静态保护和控制装置屏、柜内部应设有截面积不小于100mm^{2}的接地铜排，接地铜排上应预留接地螺栓孔，螺栓孔数量应满足盘、柜内接地线接地的需要；静态保护和控制装置屏、柜接地连接线应采用截面积不小于50mm^{2}的带绝缘铜导线或铜缆与接地网连接，接地网设置应符合设计要求。 2. 应采取有效措施防止空间磁场对二次电缆的干扰，宜根据开关场和一次设备安装的实际情况，敷设与厂、站主接地网紧密连接的等电位接地网。等电位接地网应满足以下要求： （1）应在主控室、保护室、敷设二次电缆的沟道、开关场的就地端子箱及保护用结合滤波器等处，使用截面积不小于100mm^{2}的裸铜排（缆）敷设与主接地网紧密连接的等电位接地网。 （2）在主控室、保护室柜屏下层的电缆室（或电缆沟道）内，按柜屏布置的方向敷设100mm^{2}的专用铜排（缆），将该专用铜排（缆）首末端连接，形成保护室内的等电位接地网。保护室内的等电位接地网与厂、站的主接地网只能存在唯一连接点，连接点位置宜选择在电缆竖井处。为保证连接可靠，连接线必须用至少4根以上、截面积不小于50mm^{2}的铜缆（排）构成共点接地。 3. 屏内应设置两个接地铜排，一个为一次地，另一个为二次地
		接地线检查	重要	1. 电缆屏蔽层应使用截面积不小于4mm^{2}多股铜质软导线可靠连接到等电位接地铜排上。 2. 屏柜的门等活动部分应使用截面积不小于4mm^{2}多股铜质软导线与屏柜体良好连接。 3. 交流供电电源（打印机、照明）的中性线（零线）不应接入等电位接地网。 4. 电流、电压回路二次地接入等电位接地网。 5. 公用电流互感器二次绕组二次回路只允许，且必须在相关保护柜屏内一点接地。独立的、与其他电压互感器和电流互感器的二次回路没有电气联系的二次回路应在开关场一点接地。对于变压器差动保护、母线差动保护用各支路电流互感器二次绕组中性线，应在保护屏内分别独立接至屏柜内接地铜排
6	标示安装	标示安装检查	一般	屏柜的正面及背面各电器、端子牌等应标明编号、名称、用途及操作位置，其标明的字迹应清晰、工整，且不易脱色
7	防火密封	防火密封检查	一般	1. 安装调试完毕后，在电缆进出盘、柜的底部或顶部以及电缆管口处应进行防火封堵，封堵应严密。 2. 电缆沟进线处和屏柜内底部应安装防火板，电缆缝隙、空洞应使用防火堵料进行封堵，要求密封良好，工艺美观

2.6.3 功能调试监督

序号	项目	内容	等级	要求
1	保护装置上电检查	人机对话功能	一般	装置液晶显示正常，数据显示清晰，各按键、按钮操作灵敏可靠
		版本检查	重要	软件版本和 CRC 码正确，与对侧均一致
		时钟检查	一般	时钟显示正确，与同步时钟对时功能正常
		定值	重要	装置定值的修改和固化功能正常；装置电源丢失后原定值不改变
		电源检查	重要	1. 拉合三次直流工作电源及将直流电源缓慢变化（降或升），保护装置应不误动和误发保护动作信号。 2. 80%U_n 直流电源拉合试验：直流电源调至 80%U_n，连续断开、合上电源开关几次，“运行”绿灯应能相应地熄灭、点亮
		打印机检查	一般	打印机功能使用正常，保护装置可以正常与之通信并打印
2	保护采样检查	交流量采样检查	重要	将装置电流、电压回路断开，检查零漂值，要求其稳定在 0.01I_n 或 0.05V 以内；使用继电保护测试仪，在施加额定电压额定电流下，装置采样值误差不大于 5%，相角误差不大于 3°
3	保护开入、开出检查	开入功能检查	重要	验证各压板、端子排开入正确；信号复归、打印等按键功能正常
		开出功能检查	重要	检查各跳闸出口（压板一一对应）、启动录波、遥信开出正确
4	电量保护逻辑验证	差动保护	重要	使用继电保护测试仪，在 1.05 倍差流定值时，差动保护应可靠动作，装置面板指示灯、液晶显示及后台报文均正确；在 0.95 倍差流定值时，差动保护应可靠不动作
		高压侧过流保护	重要	在 1.05 倍过流定值时，过流保护应可靠动作。装置面板指示灯、液晶显示及后台报文均正确；在 0.95 倍过流定值时，过流保护应可靠不动作
		分支一过流保护	重要	在 1.05 倍过流定值时，过流保护应可靠动作。装置面板指示灯、液晶显示及后台报文均正确；在 0.95 倍过流定值时，过流保护应可靠不动作
		分支二过流保护	重要	在 1.05 倍过流定值时，过流保护应可靠动作。装置面板指示灯、液晶显示及后台报文均正确；在 0.95 倍过流定值时，过流保护应可靠不动作
5	非电量保护逻辑验证	逻辑功能检查	重要	在本体上分别进行温度超高告警、温度高告警信号，装置开入变位及信号正确，后台报文正确
6	整组传动试验	断路器动作检查	重要	1. 就地检查断路器跳闸相别与故障相别一一对应。 2. 断路器位置反馈（至测控及保护）正确
		保护动作行为检查	重要	保护装置能够正确反应故障信息
		相关联动回路检查	重要	各保护之间的配合应正确，保护间的开出及开入符合逻辑关系
		遥信、故障录波检查	重要	监控系统及故障录波器信号正确
		80% 电压动作检查	重要	80% 电压情况下，保护动作行为与正常电压情况下相同

续表

序号	项目	内容	等级	要求
7	二次回路	绝缘测试	重要	1. 从保护屏柜的端子排处将所有外部引入的回路及电缆全部断开，分别将电流、电压、直流控制、信号回路的所有端子各自连接在一起，用1000V绝缘电阻表测量绝缘电阻，各回路对地以及各回路相互间阻值均应大于10MΩ。 2. 非电气量保护回路用1000V绝缘电阻表测量绝缘电阻，各回路对地以及各回路相互间阻值均应大于10MΩ
		电流、电压二次回路试验	重要	1. 检查TA变比、组别、极性使用正确，从现场TA至保护屏柜的电流二次回路进行通流试验，确认回路无分流，回路交流阻抗值符合TA铭牌要求，检查无开路及两点接地情况。 2. 检查TV变比、组别、极性使用正确，从现场TV至保护屏柜的电压二次回路进行加压试验，采取防止反送电的措施，测量各点电压值符合要求，检查无短路及二点接地情况。 3. 试验完毕恢复二次回路端子时，为防止TA二次开路、TV二次短路，需测量TA、TV回路的内阻、外阻及全回路电阻，发现问题及时处理
8	带负荷试验	电压二次回路核相	重要	三相电压幅值正常，相序为正序
		电流二次回路带负荷校验	重要	1. 在负荷电流不小于10%I_n（额定电流）时进行，三相电流幅值平衡，相序为正序。 2. 检查保护装置差流正常。 3. 测量值与装置采样值相符。 4. 根据现场结果绘制六角图，符合计算值要求

3

机务系统监督作业指导书

3.1 内冷水系统

3.1.1 到场监督

序号	项目	内容	等级	要求
1	本体跟踪	外观检查	一般	1. 设备到达现场后，应由建设、制造、监理、施工、设备保管等相关单位共同开箱查验设备的规格、数量和外观完好情况，作出记录并经各方签证。对有缺陷的设备和部套应按合同约定进行处理。 2. 设备开箱时应检查下列技术文件： （1）设备供货清单及设备装箱单。 （2）设备的安装、运行、维护说明书和相关技术文件。 （3）设备出厂质量证明文件、检验试验记录及缺陷处理记录。 （4）设备装配图和部件结构图。 （5）主要零部件材料的材质性能证明文件。 3. 在开箱检查时，应防止损伤和损坏设备及零部件。对装有精密设备的箱件，应注意对加工面妥善保护
		管道及阀门检查	重要	1. 无裂纹、缩孔、夹渣、粘砂、折叠、漏焊、重皮等缺陷。 2. 表面应光滑，不允许有尖锐划痕。 3. 凹陷深度不得超过 1.5mm，凹陷最大尺寸不应大于管子周长的 5%，且不大于 40mm。 4. 检验合格的钢管应按材质、规格分别放置，并作标识，妥善保存，防止锈蚀。 5. 法兰密封面应光洁、平整，不得有贯通沟槽，且不得有气孔、裂纹、毛刺或其他降低强度和连接可靠性的缺陷。 6. 螺栓、螺母的螺纹应完整，无伤痕、无毛刺等缺陷，螺栓与螺母应配合良好，无松动或者卡涩。 7. 管道支吊架各部件应符合下列规定。 8. 管道支吊架的形式、材质应符合设计图纸要求。 9. 焊缝不得漏焊、欠焊，焊缝和热影响区表面不得有裂纹、明显咬边、变形等缺陷。 10. 杆件直径、长度符合设计图纸要求，表面无锈蚀，无弯曲，变形等缺陷。 11. 支架的滚动、滑动工作面应平整光滑，无卡涩。

续表

<table>
<tr><th>序号</th><th>项目</th><th>内容</th><th>等级</th><th>要求</th></tr>
<tr><td rowspan="6">1</td><td rowspan="6">本体跟踪</td><td>管道及阀门检查</td><td>重要</td><td>12. 各部件应采用机械加工，并进行防锈处理。
13. 弹簧应符合下列规定：
（1）应有出厂合格证件及质量证明文件，型式、型号设计图纸要求。
（2）外观检查不应有裂纹、变形、锈蚀、划痕等缺陷。
14. 弹簧组件应按设计要求销锁定位，指示标记刻度清楚，指针完好</td></tr>
<tr><td>离子交换器</td><td>重要</td><td>1. 离子交换罐无锈蚀。
2. 离子交换树脂的检查，应符合下列规定。
3. 每个包装件应有树脂生产厂质量检验合格证</td></tr>
<tr><td>主过滤器</td><td>重要</td><td>管式精密过滤器内的滤元应完好无损</td></tr>
<tr><td>定子、转子冷却水箱</td><td>重要</td><td>1. 冷却水箱采用不锈钢板制成，水箱应经灌水不漏，内部应光洁无焊瘤；水箱顶部设倒 U 形排气管。
2. 卧式箱、槽、罐的支座圆弧与箱壁应接触均匀，无明显间隙。
3. 水箱的呼吸管应有足够的通流截面，溢流管不得伸入排水沟的水面下。
4. 水位计的安装位置应便于监视，指示应清晰、无卡涩现象，水位计应安装隔离门和保护罩。严寒地区的室外水箱不得采用玻璃管水位计</td></tr>
<tr><td>转冷泵及定冷泵检查</td><td>重要</td><td>1. 铸件应无残留的铸砂、重皮、气孔、裂纹等缺陷。
2. 各部件组合面应无毛刺、无伤痕、无锈污，精加工面应光洁。
3. 壳体上通往轴封和平衡盘等处的各个孔洞和通道应畅通无堵塞，堵头应严密。
4. 泵体支脚和底座应接触密实。
5. 泵轮组装时泵轴和各配合件的配装面应擦粉剂涂料或润滑剂。
6. 组装后的转子，轴套、叶轮密封环处的径向晃动应符合表 3-1 的规定：
表 3-1　　轴套和水泵叶轮密封环处径向跳动允许值
<table><tr><td>标称直径（mm）</td><td>≤ 50</td><td>≤ 120</td><td>≤ 260</td><td>≤ 500</td><td>≤ 800</td><td>≤ 1250</td></tr><tr><td>径向晃度（mm）</td><td>0.05</td><td>0.06</td><td>0.08</td><td>0.10</td><td>0.12</td><td>0.16</td></tr></table>7. 泵轴径向晃度应小于 0.05mm</td></tr>
<tr><td></td><td>一般</td><td>设备应有铭牌或相当于铭牌的标志，内容包括：
1. 制造厂名称和商标。
2. 设备型号和名称。
核对铭牌与技术协议要求是否一致，抄录内冷系统各部件铭牌参数，并拍照</td></tr>
<tr><td>2</td><td>保存</td><td>到场设备的保存</td><td>一般</td><td>1. 设备的存放宜按施工标段、类别、施工的先后顺序分类放置，并应注意各个设备的零件不得混杂，以便清点管理。必要时可组装成大件或解体成小件保管。严禁大小金属设备套放（有特殊规定的除外）。设备放置位置（区域）应及时准确的登录在设备台账上。
2. 在搬运设备时，应防止设备变形。
3. 设备上的各种标志、编号应保持完整，已损坏的标志、编号必须修复，小部件上应有注明编号的标签。
4. 设备的加工面应防止碰伤或磨损。精加工面应尽量避免作为支点，若必须用加工面作为支点时，应垫以铝箔、锌箔或铅板等，使之与垫块隔离。
5. 保管大型设备、构件、管道、管件时，其各支撑点间的距离应保证设备受力均匀、不变形。相同的设备叠起放置时，各层的支撑点应位于同一垂直方向内，避免下面的机件设备发生变形，且堆放应稳固可靠。金属构件的堆放高度，不宜超过 2m。
6. 各种容器、管道及管件在存放期间，必须保持其内部无积水、无潮气、浮锈及杂物等，以免冻坏、锈蚀，并保持孔口封堵严密，以隔绝空气</td></tr>
</table>

续表

序号	项目	内容	等级	要求
3	附件跟踪	备品备件检查	重要	检查是否有相关备品备件，型号及数量与合同是否相符，做好相应记录
		专业工器具检查	重要	记录随设备到场的专用工器具，列出专业工器具清单，检查专业工器具是否齐备，能否正常使用，储存、保管良好
		相关文件及资料核查	重要	制造厂应按照技术规范书要求，随设备提供给买方包括但不限于下述资料：①出厂试验报告；②使用说明书；③产品合格证；④安装图纸。实际到货设备清单应与合同一致

3.1.2 安装监督

序号	项目	内容	等级	要求
1	管道及阀门	管道安装检查	重要	1. 穿墙及过楼板的管道，所加套管应符合设计规定。当设计无要求时，穿墙套管长度不应小于墙厚，穿楼板套管宜高出楼面或地面 25~30mm。 2. 管道与套管的空隙应按设计要求填塞。当设计没有明确给出要求时，应用不燃烧软质材料填塞。 3. 记录管道法兰和接头紧固力矩要求，并对紧固的螺栓做好标记。 4. 管道安装应具备以下条件： （1）地埋管道的沟道开挖，标高、坐标、放坡角度、管道垫层等应符合图纸要求，必要时应有排水措施。 （2）地沟管道的管沟预埋件埋设应符合图纸要求。 （3）需要在管道安装前完成的有关工序如喷砂，内外部防腐、管内清洗、脱脂等已完成。 （4）管道安装若采用组合方式，组合件应有足够刚性，吊装后不应产生永久变形，临时固定应牢固可靠。 （5）管道及管道组件安装过程中，均应将管道内部清洗干净，管内不得遗留任何杂物，施工过程中应临时封堵。 （6）管道坡度方向与坡度应符合设计要求，无设计要求时，管道坡度方向的确定，应便于放水和排放空气。在有坡度方向的管道上安装管道及阀门时，应与管道坡度方向一致。 5. 管道焊缝位置应符合设计要求，无设计要求应符合下列规定： （1）焊缝位置距离管道弯曲起点不得小于管道外径且不小于 100mm，定型管道除外。 （2）管道相邻焊缝间的距离应大于管道直径，且大于 150mm。 （3）焊缝距离支架边缘应大于 50mm，焊后需做热处理焊口，该距离应大于 100mm。 （4）放水及仪表管等开孔边缘距离焊口应大于 50mm，且不应小于孔径。 （5）管道在穿过墙壁、楼板时，穿墙处应有套管，位于隔墙、楼板内的管段不得有焊口。 6. 两管件应按设计加接短管，不宜直接焊接。 7. 流量测量、节流装置安装时，应符合以下规定： （1）安装垫圈内孔边缘不得深入管道内壁，角接取压装置的垫圈不得挡住取压口或槽。 （2）流量孔板、节流件必须在管道冲洗合格后再进行安装。 （3）支吊架吊杆不应穿越电缆桥架

续表

<table>
<tr><th>序号</th><th>项目</th><th>内容</th><th>等级</th><th>要求</th></tr>
<tr><td>1</td><td>管道及阀门</td><td>阀门安装检查</td><td>重要</td><td>1. 阀门安装前应清理干净，法兰或螺纹连接的阀门应在关闭状态下安装，安装搬运阀门时，不得以手轮作为起吊点，且不得随意转动手轮。
2. 阀门应按图纸设计的型号、介质流向，根据阀壳上流向的标识正确安装。当阀壳上无流向标识时，应根据厂家图纸标定的阀门结构、工作原理分析确定。
3. 阀门连接应自然，不得强力对接或承受外加应力，法兰紧固需均匀。
4. 阀门传动装置安装应符合下列规定：
（1）万向接头转动应灵活。
（2）传动杆与阀杆轴线的夹角不宜大于 30°。
5. 阀门的安装，手轮及执行机构不宜朝下，以便于操作和检修。
6. 法兰安装前，应对法兰密封面及密封垫片进行外观检查，不得有影响密封性能的缺陷。
7. 法兰连接时应保持法兰间的平行，其偏差应小于法兰外径的 1.5%，并小于 2mm，不得用强紧螺栓的方法消除歪斜。
8. 法兰平面应与管道轴线垂直，平焊法兰内、外侧均需焊接，焊后应消除氧化物等杂志。
9. 法兰所用垫片的内径应比法兰内径大 2~3mm。垫片宜为整圆。
10. 当大口径垫片需要拼接时，应采用斜口搭接或迷宫式嵌接，不得平口对接。
11. 法兰连接除特殊情况外，应使用同一规格螺栓，安装方向应一致。连接螺栓应对称紧固且紧度一致。有力矩要求的法兰螺栓力矩误差应小于 10%。
12. 阀门与法兰的连接螺栓，末端应露出螺母，露出长度以 2~3 个螺距为宜，且长度一致，螺母宜位于法兰的同一侧并便于拆卸。
13. 定冷系统各垫片禁止使用橡胶垫。
14. 对管道焊缝进行 X 光探伤，探伤比例及合格率应满足 DL/T 869—2012《火力发电厂焊接技术规程》的要求</td></tr>
<tr><td rowspan="3">2</td><td rowspan="3">主水回路</td><td>监测仪表位置检查</td><td>重要</td><td>1. 循环冷却水系统监测仪表的设置应符合下列要求：
（1）循环给水总管应设流量。
（2）温度和压力仪表循环回水总管宜设流量。
（3）补充水管应设流量仪表。
2. 电导率仪表应装设在主过滤前，调相机定转子冷却管道入口处，以及定子内冷的旁路回路上。
3. pH 表应装设在定转子冷却管道的入口处，主过滤之前</td></tr>
<tr><td>定子冷却水泵和转子冷却水泵的安装检查</td><td>重要</td><td>1. 叶轮旋转方向应与壳体上的标识一致，固定叶轮锁母的锁紧装置应锁好。
2. 离心泵的密封环与泵壳间应有 0.00~0.03mm 的径向间隙，密封环应配有定位销，定位销应比泵壳水平结合面稍低。
3. 密封环和叶轮配合处的每侧径向间隙应符合规范要求。
4. 密封环处的轴向间隙应大于泵的轴向窜动量并不得小于 0.50mm。
5. 定、转冷水泵的水平扬度，应采用精确度不低于 0.1mm/m 的水平仪在联轴器侧的轴颈上测量并调整至零。
6. 用于水平结合面的涂料、垫料的厚度，应保证各部件规定的紧力值。用于垂直结合面的涂料、垫料的厚度，应保证各部件规定的轴向间隙值，结合面安装好定位销后螺栓应均匀紧固。
7. 水泵与管道连接前，进、出口应临时封闭，确保内部清洁无杂物</td></tr>
<tr><td>定转冷主泵电源回路检查</td><td>重要</td><td>内冷水主泵电源馈线开关应专用，禁止连接其他负荷。定冷系统和转冷系统相互备用的两台内冷水泵电源应取自不同母线</td></tr>
</table>

续表

序号	项目	内容	等级	要求
3	水处理回路	离子交换器安装检查	重要	1. 离子交换器进出口管的方位应符合设计要求。 2. 容器找正后，支脚、垫铁与基础埋件应焊接牢固，方可进行二次灌浆。 3. 装前应进行水帽的完整性及缝隙检查，水帽的缝隙检查应小于树脂粒径（小于 0.2mm），安装时应拧紧到位，安装后应作喷水试验，水帽应无脱落或损坏。 4. 离子交换器内各配件用螺栓紧固时，应采用大垫片保护确保防腐层完好。 5. 树脂捕捉器的器体和防腐层应完好，滤元间隙应符合设计要求。 6. 设备及管道内的锈蚀物、焊渣、泥沙等杂物应清理干净
		稳压系统检查	重要	管道的严密性应良好，氮气减压系统完好无损，氮气补充应可满足在线更换氮气瓶要求
		定子水加碱装置	重要	1. 内壁防腐层的施工，应在所有管件、附件安装及焊接施工结束并经检验合格后进行。 2. 直接安放在基础上的平底碱液箱底板外表面，碱液箱基础应防腐完毕并验收合格。碱液箱就位后，箱底与基础接触面应受力均匀，并应做灌水试验。现场制作的碱液箱底板应做真空箱试验。碱液箱基础沉降应符合设计要求。 3. 碱液箱的呼吸管应有足够的通流截面，溢流管不得伸入排水沟的水面下。 4. 碱液箱的液位计应垂直安装，并应加装隔离门和保护罩。安装位置应便于监视，指示应清晰。 5. 计量泵的安装应符合下列规定： （1）泵体找正应以机身滑道、轴承座、轴外露部分或其他精加工面为测量基准。整体出厂的往复泵纵横向安装水平允许偏差为 0.05%；解体出厂的往复泵动力端机座纵向安装水平允许偏差为 0.02%，横向安装水平允许偏差为 0.05%。 （2）输液系统内的安全阀应动作灵活。 （3）工质与柱塞直接接触的往复泵入口，应按产品技术文件规定加装便于拆装的滤网。无要求时，一般可加装网孔尺寸为 0.150~0.300mm 的滤网。滤网有效面积不应小于入口管截面积的 3 倍。滤网材料应能耐工质的腐蚀。 （4）安装时应测量下列间隙，并做好记录，数据应符合产品技术文件的要求： 1）减速箱蜗轮与蜗杆的窜动间隙。 2）柱塞与柱塞衬套的间隙。 6. 隔膜泵缸体安装应符合下列规定： （1）前后缸头螺栓紧力应均匀。隔膜装好后，不应因挤压而发生变形。 （2）填料压盖的紧力应符合产品技术文件的要求。 （3）进、排液阀的所有螺纹连接处，应缠绕耐腐蚀材料加以密封。 （4）应按产品技术文件的规定加注液压油，液压腔内的气体应排尽。 7. 对需要解体检查的往复泵，拆装应符合下列规定： （1）出厂已装配完善的组合件不得拆卸。 （2）解体检查时应对零部件做标记，以免错装。 （3）传动副各部位的装配间隙和接触情况应符合产品技术文件的要求。 （4）主机零部件及接触面清理后，应将清洁剂和水分除净，并应涂上一层润滑油。 （5）进液阀、排液阀、填料和其他密封面不得用蒸汽清洗。 8. 计量泵的试运应符合产品技术文件的要求或按相关规定执行

续表

序号	项目	内容	等级	要求
3	水处理回路	定转子冷却水、转子冷却水断水保护装置	重要	定子冷却水和转子冷却水断水保护装置出口分别配置三个压差开关加一个压差变送器
		定子、转子水冷却器	重要	组装冷却器时应按流程图进行，保证流程数和流道数正确，如密封垫脱落或更换时应使用制造厂要求的黏结剂
		水路各过滤器安装	重要	1. 主水过滤器应能在不停运内冷系统的条件下进行清洗或更换，滤芯应具备足够的机械强度以防止在冷却水冲刷下的损伤，过滤精度应满足调相机的要求。 2. 过滤器应垂直安装，外壳垂直允许偏差为高度的 0.25%，且最大偏差为 5mm 壳体找正后，及时将支脚、垫铁与基础预埋件焊接牢固并进行二次灌浆。 3. 过滤器配水系统、排水系统及空气分配系统的支管与母管中心线应相互垂直，支管的水平允许偏差为 ±2mm。 4. 泄水帽座的中心线应与支管水平面垂直，泄水帽高度应一致，允许偏差为 ±3mm。泄水帽的缝隙及泄水帽与容器底板间隙应符合设计要求，且安装牢固
4	控制柜	控制柜检查	重要	1. 盘、柜及盘、柜内设备与各构件间连接应牢固。盘、柜不宜与基础型钢焊死。 2. 盘、柜的正面及背面各电器、端子牌等应标明编号、名称、用途及操作位置，其标明的字迹应清晰、工整，且不宜脱色
		控制柜二次接线检查	重要	1. 端子排应无损坏，固定牢固，绝缘良好。 2. 端子排应有序号，端子排应便于更换且接线方便；离地高度宜大于 350mm。 3. 接线端子应与线截面匹配，不应使用小端子配大截面导线，按图施工，接线正确。 4. 导线与电气元件间采用螺栓连接、插接、焊接或压接等，均应牢固可靠。 5. 电缆芯线和所配导线的端部均应标明其回路编号，编号应正确，字迹清晰且不易脱色。 6. 配线应整齐、清晰、美观，导线绝缘应良好，无损伤。 7. 每个接线端子的每侧接线宜为 1 根，不得超过 2 根。对于插接式端子，不同截面的两根导线不得接在同一端子上；对于螺栓连接端子，当接两根导线时，中间应加平垫片
		控制柜接地检查	重要	1. 盘、柜、台、箱的接地应牢固良好。装有电器的可开启的门，应以裸铜软线与接地的金属构架可靠地连接。 2. 盘上装有装置性设备或其他有接地要求的电器，其外壳应可靠接地。 3. 进入控制系统的信号电缆是采用质量合格的屏蔽电缆，且有良好的单点接地

3.1.3 调试监督

序号	项目	内容	等级	要求
1	试验	管道压力试验	重要	1. 严密性试验采用水压试验时，水质应符合规定，充水时应保证将系统空气排尽，试验压力应符合设计图纸要求，如设计无规定，试验压力宜为设计压力的 1.25 倍，但不得大于任何非隔离元件如系统内容器、阀门或泵的最大允许试验压力，且不得小于 0.2MPa。 2. 管道系统水压试验时，应缓慢升压，达到试验压力后应保持 10min，然后降至工作压力，对系统进行全面检查，无压降、无渗漏为合格
		定子水箱气密试验	重要	定子水系统运行时，水箱内充有氮气，在水箱清理完毕后需对水箱进行气密试验。试验时，先在水箱内充入半箱左右的水，然后充入 500kPa 的压缩空气及 100g 左右的氟利昂，用嗅敏仪对水箱的上部及排气管路进行仔细检查
		定子水箱自动排气试验	重要	当水箱内气压高于一定值时，可通过水箱上的安全阀自动排气
		接地试验	重要	试验前应断开控制柜的电源，并清除测量点的油污，采用直接测量法，将仪表的端子分别与主接地端子、柜壳（或应接地的导电金属件）连接，检验可触及金属部分与主接地点之间电阻，测量值应不超过 0.1Ω
		绝缘耐压试验	重要	内、外冷却系统设备及低压电气设备与地（外壳）之间的绝缘电阻不低于 10MΩ。低压设备与地（外壳）之间能承受 2000V 的工频试验电压，持续时间为 1min
2	单体调试	电动阀门验收	重要	1. 阀门开关速度均匀，开关反馈正常。 2. 调整门线性合理
		定子加热器	重要	电源回路接线端子应紧固，接线柱测温应正常
		定子水加碱装置	重要	1. 碱液箱的呼吸管应有足够的通流截面，溢流管不得伸入排水沟的水面下。 2. 碱液计量泵试运合格，能够满足内冷水 pH 值调节要求
		定、转子水泵的试运	重要	1. 主循环泵震动应在正常范围。 2. 轴承箱油位在油位线附近，满足运行超过 3000h 需更换润滑油。 3. 用 1000V 绝缘电阻表检查电机绝缘电阻应大于或等于 0.5MΩ，相间电阻基本相同。 4. 机械密封检查应无渗漏，轴联器无松动、破损。 5. 主循环泵基础预埋铁之间的高度差应不大于 5mm，地脚螺栓、联结螺栓等力矩检查应满足要求。 6. 同心度小于 0.2mm。 7. 主循环泵电源回路接线端子应紧固。 8. 主循环泵至少运行 24h 后，主循环泵的机封、电机的轴承、电机的外壳、电机的接线柱测温应正常
		离子交换器	重要	流量正常，产水电导率正常
		定子、转子冷却水主水路过滤器	重要	1. 主过滤器内无明显杂质，系统连接后循环运行 72h 后检查主回路过滤器，主过滤器内应无明显杂质。如存在杂质则继续循环运行，直至无明显杂质。 2. 过滤器应清洁无杂质，无明显压差上升情况
		定子水箱氮气隔离系统	重要	1. 系统含氧量应低于规定值。 2. 安全阀和压力释放阀可正常动作。 3. 氮气瓶压力正常

续表

序号	项目	内容	等级	要求
2	单体调试	主泵电源回路及MCC开关柜（动力电源柜）	重要	1. 电源进线外观无烧蚀，无异味、异声等现象；连接端子无松动，主循环泵运行24h后红外测温无异常。 2. 软启动器外观无报警，功能正常；保护定值整定正确；电压、电流测量精度校验正确。 3. MCC开关柜无表面擦痕、腐蚀；电缆表面无烧痕；无异常的气味、声音；连接端子无松动；开关柜外壳，人机接口外壳无损伤，接地良好。 4. 开关柜通风格窗应无异物覆盖，通风良好。 5. 散热风扇功能应正常，滤网无堵塞
		转子水膜碱化净化装置	重要	1. 净化装置进出口压差正常，流量满足水质净化的需要。 2. 转子水膜碱化净化装置运行正常，能够实现转子冷却水系统pH值（25℃）在7.0~9.0之间，并控制转子冷水主路定子冷却水电导率（25℃）小于5.0mS/cm（期望值小于3.0mS/cm）的要求
3	控制系统调试	二次回路	重要	1. 继电器、空气开关工作正常，无老化、破损、发热现象；端子排应无松动、锈蚀、破损现象，运行及备用端子均有编号。 2. 二次电缆接线应布置整齐、无松动；电缆绝缘层无变色、老化、损坏现象；电缆接地线完好；电缆号头、走向标示牌无缺失现象；二次回路电缆绝缘良好（500V或1000V电压下测量二次回路电缆绝缘电阻不小于2MΩ）。 3. 跳闸输入、输出回路及其电源应按双重化或三重化布置且各自独立。 4. 核查各元件、继电器的参数值设置正确。 5. 同一测点冗余的传感器（流量、温度等）不应接入控制系统输入或输出模块的同一个I/O板，应根据冗余数量分别接入各自独立的输入、输出模块，避免单一模块故障导致所有传感器采样异常
		系统的逻辑验证	重要	按照内冷水转子冷却水系统逻辑，现场进行实际验证，确保逻辑的正确性以及设备动作的正确性

3.2 外冷水系统

3.2.1 到场监督

序号	项目	内容	等级	要求
1	本体跟踪	外观检查	一般	1. 设备到达现场后，应由建设、制造、监理、施工、设备保管等相关单位共同开箱查验设备的规格、数量和外观完好情况，作出记录并经各方签证。对有缺陷的设备和部套应按合同约定进行处理。 2. 设备开箱时应检查下列技术文件： （1）设备供货清单及设备装箱单。 （2）设备的安装、运行、维护说明书和相关技术文件。 （3）设备出厂质量证明文件、检验试验记录及缺陷处理记录。 （4）设备装配图和部件结构图。 （5）主要零部件材料的材质性能证明文件。 3. 在开箱检查时，应防止损伤和损坏设备及零部件。对装有精密设备的箱件，应注意对加工面妥善保护

续表

<table>
<tr><th>序号</th><th>项目</th><th>内容</th><th>等级</th><th>要求</th></tr>
<tr><td rowspan="4">1</td><td rowspan="4">本体跟踪</td><td>管道及阀门检查</td><td>重要</td><td>1. 无裂纹、缩孔、夹渣、黏砂、折叠、漏焊、重皮等缺陷。
2. 表面应光滑，不允许有尖锐划痕。
3. 凹陷深度不得超过 1.5mm，凹陷最大尺寸不应大于管子周长的 5%，且不大于 40mm。
4. 检验合格的钢管应按材质、规格分别放置，并作标识，妥善保存，防止锈蚀。
5. 法兰密封面应光洁、平整，不得有贯通沟槽，且不得有气孔、裂纹、毛刺或其他降低强度和连接可靠性的缺陷。
6. 螺栓、螺母的螺纹应完整，无伤痕、无毛刺等缺陷，螺栓与螺母应配合良好，无松动或者卡涩。
7. 管道支吊架各部件应符合下列规定：
（1）管道支吊架的形式、材质应符合设计图纸要求。
（2）焊缝不得漏焊、欠焊，焊缝和热影响区表面不得有裂纹、明显咬边、变形等缺陷。
（3）杆件直径、长度符合设计图纸要求，表面无锈蚀，无弯曲，变形等缺陷。
（4）支架的滚动、滑动工作面应平整光滑，无卡涩。
（5）各部件应采用机械加工，并进行防锈处理。
8. 弹簧应符合下列规定：
（1）应有出厂合格证件及质量证明文件，型式、型号设计图纸要求。
（2）外观检查不应有裂纹、变形、锈蚀、划痕等缺陷。
9. 弹簧组件应按设计要求销锁定位，指示标记刻度清楚，指针完好</td></tr>
<tr><td>机械通风冷却塔检查</td><td>重要</td><td>1. 无锈蚀、无裂纹、无损坏。
2. 冷却塔内外与水汽接触的金属构件、管道和机械设备均应采取防腐蚀措施。
3. 冷却塔塔体整体应采用框架结构，框架、底座，集水盘，风筒采用不锈钢及以上等级制造并应具有足够的强度</td></tr>
<tr><td>水泵的检查</td><td>重要</td><td>1. 铸件应无残留的铸砂、重皮、气孔、裂纹等缺陷。
2. 各部件组合面应无毛刺、无伤痕、无锈污，精加工面应光洁。
3. 壳体上通往轴封和平衡盘等处的各个孔洞和通道应畅通无堵塞，堵头应严密。
4. 泵体支脚和底座应接触密实。
5. 泵轮组装时泵轴和各配合件的配装面应擦粉剂涂料或润滑剂。
6. 组装后的转子，轴套、叶轮密封环处的径向晃动应符合表 3–2 的规定。
表 3–2　　轴套和水泵叶轮密封环处径向跳动允许值
<table><tr><td>标称直径（mm）</td><td>≤ 50</td><td>≤ 120</td><td>≤ 260</td><td>≤ 500</td><td>≤ 800</td><td>≤ 1250</td></tr><tr><td>径向晃度（mm）</td><td>0.05</td><td>0.06</td><td>0.08</td><td>0.10</td><td>0.12</td><td>0.16</td></tr></table>7. 泵轴径向晃度应小于 0.05mm</td></tr>
<tr><td>铭牌检查</td><td>一般</td><td>1. 设备应有铭牌或相当于铭牌的标志，内容包括：
（1）制造厂名称和商标。
（2）设备型号和名称。
2. 抄录水冷系统各部件铭牌参数，并拍照片，编制设备清册</td></tr>
</table>

续表

序号	项目	内容	等级	要求
2	保存	到场设备的保存（见内冷系统）	一般	1. 设备的存放宜按施工标段、类别、施工的先后顺序分类放置，并应注意各个设备的零件不得混杂，以便清点管理。必要时可组装成大件或解体成小件保管。严禁大小金属设备套放（有特殊规定的除外）。设备放置位置（区域）应及时准确的登录在设备台账上。 2. 在搬运设备时，应防止设备变形。 3. 设备上的各种标志、编号应保持完整，已损坏的标志、编号必须修复，小部件上应有注明编号的标签。 4. 设备的加工面应防止碰伤或磨损。精加工面应尽量避免作为支点，若必须用加工面作为支点时，应垫以铝箔、锌箔或铅板等，使之与垫块隔离。 5. 保管大型设备、构件、管道、管件时，其各支撑点间的距离应保证设备受力均匀、不变形。相同的设备叠起放置时，各层的支撑点应位于同一垂直方向内，避免下面的机件设备发生变形，且堆放应稳固可靠。金属构件的堆放高度，不宜超过 2m。 6. 各种容器、管道及管件在存放期间，必须保持其内部无积水、无潮气、浮锈及杂物等，以免冻坏、锈蚀，并保持孔口封堵严密，以隔绝空气
3	附件跟踪	备品备件检查	重要	检查是否有相关备品备件，型号及数量与合同是否相符，做好相应记录
		专业工器具	重要	记录随设备到场的专用工器具，列出专业工器具清单，检查专业工器具是否齐备，能否正常使用，储存、保管良好
		相关文件及资料核查	重要	制造厂应按照技术规范书要求，随设备提供给买方包括但不限于下述资料：①出厂试验报告；②使用说明书；③产品合格证；④安装图纸。实际到货设备清单应与合同一致

3.2.2 安装监督

序号	项目	内容	等级	要求
1	调相机外冷整体要求	布置检查	重要	1. 冷却塔应远离厂内露天热源。 2. 冷却塔之间或冷却塔与其他建筑物之间的距离应满足冷却塔的通风要求外，还应满足管、沟、道路、建筑物的防火和防爆要求。 3. 冷却塔的集中或分散布置方案的选择，应根据使用循环水车间数量，分布位置及各车间的用水要求，通过技术经济比较后确定
2	设备安装检查	管道安装检查	重要	1. 穿墙及过楼板的管道，所加套管应符合设计规定。当设计无要求时，穿墙套管长度不应小于墙厚，穿楼板套管宜高出楼面或地面 25~30mm。 2. 管道与套管的空隙应按设计要求填塞。当设计没有明确给出要求时，应用不燃烧软质材料填塞。 3. 记录管道法兰和接头紧固力矩要求，并对紧固的螺栓做好标记。 4. 管道安装应具备以下条件： （1）地埋管道的沟道开挖，标高、坐标、放坡角度、管道垫层等应符合图纸要求，必要时应有排水措施。 （2）地沟管道的管沟预埋件埋设应符合图纸要求。 （3）需要在管道安装前完成的有关工序如喷砂，内外部防腐、管内清洗、脱脂等已完成。 5. 管道安装若采用组合方式，组合件应有足够刚性，吊装后不应产生永久变形，临时固定应牢固可靠。

续表

序号	项目	内容	等级	要求
2	设备安装检查	管道安装检查	重要	6. 管道及管道组件安装过程中，均应将管道内部清洗干净，管内不得遗留任何杂物，施工过程中应临时封堵。 7. 管道坡度方向与坡度应符合设计要求，无设计要求时，管道坡度方向的确定，应便于放水和排放空气。在有坡度方向的管道上安装管道及阀门时，应与管道坡度方向一致。 8. 管道焊缝位置应符合设计要求，无设计要求应符合下列规定： （1）焊缝位置距离管道弯曲起点不得小于管道外径且不小于 100mm，定型管道除外。 （2）管道相邻焊缝间的距离应大于管道直径，且大于 150mm。 （3）焊缝距离支架边缘应大于 50mm，焊后需做热处理焊口，该距离应大于 100mm。 （4）放水及仪表管等开孔边缘距离焊口应大于 50mm，且不应小于孔径。 （5）管道在穿过墙壁、楼板时，穿墙处应有套管，位于隔墙、楼板内的管段不得有焊口。 （6）两管件应按设计加接短管，不宜直接焊接。 9. 流量测量、节流装置安装时，应符合以下规定： （1）安装垫圈内孔边缘不得深入管道内壁，角接取压装置的垫圈不得挡住取压口或槽。 （2）流量孔板、节流件必须在管道冲洗合格后再进行安装。 （3）支吊架吊杆不应穿越电缆桥架
		阀门安装检查	重要	1. 阀门安装前应清理干净，法兰或螺纹连接的阀门应在关闭状态下安装，安装搬运阀门时，不得以手轮作为起吊点，且不得随意转动手轮。 2. 阀门应按图纸设计的型号、介质流向，根据阀壳上流向的标识正确安装。当阀壳上无流向标识时，应根据厂家图纸标定的阀门结构、工作原理分析确定。 3. 阀门连接应自然，不得强力对接或承受外加应力，法兰紧固需均匀。 4. 阀门传动装置安装应符合下列规定： （1）万向接头转动应灵活。 （2）传动杆与阀杆轴线的夹角不宜大于 30°。 5. 阀门的安装，手轮及执行机构不宜朝下，以便于操作和检修。 6. 对焊阀门与管道连接应在相邻焊口进行热处理后进行，焊缝底层应采用氩弧焊。 7. 法兰安装前，应对法兰密封面及密封垫片进行外观检查，不得有影响密封性能的缺陷。 8. 法兰连接时应保持法兰间的平行，其偏差应小于法兰外径的 1.5%，并小于 2mm，不得用强紧螺栓的方法消除歪斜。 9. 法兰平面应与管道轴线垂直，平焊法兰内、外侧均需焊接，焊后应消除氧化物等杂质。 10. 法兰所用垫片的内径应比法兰内径大 2~3mm。垫片宜为整圆。 11. 当大口径垫片需要拼接时，应采用斜口搭接或迷宫式嵌接，不得平口对接。 12. 法兰连接除特殊情况外，应使用同一规格螺栓，安装方向应一致。连接螺栓应对称紧固且紧度一致。有力矩要求的法兰螺栓力矩误差应小于 10%。 13. 阀门与法兰的连接螺栓，末端应露出螺母，露出长度以 2~3 个螺距为宜，且长度一致，螺母宜位于法兰的同一侧并便于拆卸

续表

序号	项目	内容	等级	要求
2	设备安装检查	加药系统的安装检查	重要	1. 加药箱的安装符合下列规定： （1）有防腐层的加药箱，防腐层应完好无损，应检验合格。 （2）箱体的垂直允许偏差应为箱体高度的 0.15%。 （3）附件齐全，其质量应符合相关标准的规定。 （4）灌水试验应合格。 2. 计量泵的安装应符合下列规定： （1）泵体找正应以机身滑道、轴承座、轴外露部分或其他精加工面为测量基准。整体出厂的往复泵纵横向安装水平允许偏差为 0.05%；解体出厂的往复泵动力端机座纵向安装水平允许偏差为 0.02%，横向安装水平允许偏差为 0.05%。 （2）输液系统内的安全阀应动作灵活。 （3）工质与柱塞直接接触的往复泵入口，应按产品技术文件规定加装便于拆装的滤网。无要求时，一般可加装网孔尺寸为 0.150~0.300mm 的滤网。滤网有效面积不应小于入口管截面积的 3 倍。滤网材料应能耐工质的腐蚀。 （4）安装时应测量下列间隙，并做好记录，数据应符合产品技术文件的要求： 1）减速箱蜗轮与蜗杆的窜动间隙。 2）柱塞与柱塞衬套的间隙。 （5）隔膜泵缸体安装应符合下列规定： 1）前后缸头螺栓紧力应均匀。隔膜装好后，不应因挤压而发生变形。 2）填料压盖的紧力应符合产品技术文件的要求。 3）进、排液阀的所有螺纹连接处，应缠绕耐腐蚀材料加以密封。 4）应按产品技术文件的规定加注液压油，液压腔内的气体应排尽。 （6）对需要解体检查的往复泵，拆装应符合下列规定： 1）出厂已装配完善的组合件不得拆卸。 2）解体检查时应对零部件做标记，以免错装。 3）传动副各部位的装配间隙和接触情况应符合产品技术文件的要求。 4）主机零部件及接触面清理后，应将清洁剂和水分除净，并应涂上一层润滑油。 5）进液阀、排液阀、填料和其他密封面不得用蒸汽清洗。 （7）计量泵的试运应符合产品技术文件的要求或按安装工程施工及验收规范的相关规定执行。 3. 加药箱的液位计应垂直安装，并应加装隔离门和保护罩。安装位置应便于监视，指示应清晰
		电动滤水器的检查	重要	1. 电动滤水器的网芯等内部过流部件采用 TP316L，滤网网芯为多片可单独拆卸、更换的结构。网眼无连孔、破孔等缺陷，并且排列整齐。外壳、内壁、端盖和接管的材质均按本工程的水质情况采取相应的防腐措施。 2. 滤水器电动装置带有过负荷装置、就地位置指示器。 3. 为保证滤水器排污顺畅要求排污阀采用电动球阀，所有配供阀门不得使用铸铁阀门。 4. 电动滤水器转子驱动机构型式为电动且滤水器反冲洗时转子还可以手动控制装置
		水池和管网	重要	1. 水池内清理干净，无杂物，监理验收合格。 2. 预埋管道符合设计要求。 3. 埋管焊接质量及防腐措施符合要求

续表

序号	项目	内容	等级	要求
2	设备安装检查	工业补水泵和循环泵的安装检查	重要	1. 叶轮旋转方向应与壳体上的标识一致，固定叶轮锁母的锁紧装置应锁好。 2. 离心泵的密封环与泵壳间应有 0.00~0.03mm 的径向间隙，密封环应配有定位销，定位销应比泵壳水平结合面稍低。 3. 密封环和叶轮配合处的每侧径向间隙应符合规范要求。 4. 密封环处的轴向间隙应大于泵的轴向窜动量并不得小于 0.50mm。 5. 定、转冷水泵的水平扬度，应采用精确度不低于 0.1mm/m 的水平仪在联轴器侧的轴颈上测量并调整至零。 6. 用于水平结合面的涂料、垫料的厚度，应保证各部件规定的紧力值；用于垂直结合面的涂料、垫料的厚度，应保证各部件规定的轴向间隙值，结合面安装好定位销后螺栓应均匀紧固。 7. 水泵与管道连接前，进、出口应临时封闭，确保内部清洁无杂物
		冷却塔检查	重要	1. 冷却塔的配水系统应满足在同一设计淋水密度区域内配水均匀、通风阻力小、能量消耗低和便于维修等要求。 2. 冷却塔进风口处的支柱和冷却塔内空气同流部位的构件应采用气流阻力较小的断面及型式。 3. 冷却塔金属构件、管道和机械设备均应采取防腐蚀措施。 4. 为方便塔顶设备的正常维护管理和消防要求，冷却塔设一座上下塔爬梯，所有检修平台、通道及栏杆、爬梯，均采用不锈钢材质。 5. 配水应采用稳压措施以保证布水压力稳定。配水系统应固定牢靠，绑扎件或紧固件应采用不锈钢材质。 6. 塑料淋水填料应满足组装刚度好、承载能力强的基本技术要求。 7. 喷溅装置及其附件表面光洁、塑化良好、形状规整，色泽一致，不得有裂纹、孔洞、气泡、凹陷和明显的杂质
3	屏柜检查	屏柜外观检查	重要	1. 盘、柜及盘、柜内设备与各构件间连接应牢固。盘、柜不宜与基础型钢焊死。 2. 盘、柜的正面及背面各电器、端子牌等应标明编号、名称、用途及操作位置，其标明的字迹应清晰、工整，且不宜脱色
		屏柜二次接线检查	重要	1. 端子排应无损坏，固定牢固，绝缘良好。 2. 端子排应有序号，端子排应便于更换且接线方便；离地高度宜大于 350mm。 3. 接线端子应与线截面匹配，不应使用小端子配大截面导线，按图施工，接线正确。 4. 导线与电气元件间采用螺栓连接、插接、焊接或压接等，均应牢固可靠。 5. 电缆芯线和所配导线的端部均应标明其回路编号，编号应正确，字迹清晰且不易脱色。 6. 配线应整齐、清晰、美观，导线绝缘应良好，无损伤。 7. 每个接线端子的每侧接线宜为 1 根，不得超过 2 根。对于插接式端子，不同截面的两根导线不得接在同一端子上；对于螺栓连接端子，当接两根导线时，中间应加平垫片
		屏柜接地检查	重要	1. 盘、柜、台、箱的接地应牢固良好。装有电器的可开启的门，应以裸铜软线与接地的金属构架可靠地连接。 2. 盘上装有装置性设备或其他有接地要求的电器，其外壳应可靠接地。 3. 进入控制系统的信号电缆是采用质量合格的屏蔽电缆，且有良好的单点接地

3.2.3 调试监督

序号	项目	内容	等级	要求
1	试验	管道压力试验	重要	1. 严密性试验采用水压试验时，水质应符合规定，充水时应保证将系统空气排尽，试验压力应符合设计图纸要求，如设计无规定，试验压力宜为设计压力的 1.25 倍，但不得大于任何非隔离元件，如系统内容器、阀门或泵的最大允许试验压力，且不得小于 0.2MPa。 2. 管道系统水压试验时，应缓慢升压，达到试验压力后应保持 10min，然后降至工作压力，对系统进行全面检查，无压降、无渗漏为合格
		水力性能试验	重要	将水压计和流量计接入冷却水循环回路，模拟调相机水路、冷却塔、循环水管路的压力损失，开启主循环泵，通过调整主循环冷却设备供水阀门阀位，测量流量、压力。流量在 1.0~1.3 倍额定流量范围内，则认为合格
		接地试验	重要	试验前应断开控制柜的电源，并清除测量点的油污，采用直接测量法，将仪表的端子分别与主接地端子、柜壳（或应接地的导电金属件）连接，检验可触及金属部分与主接地点之间电阻，测量值应不超过 0.1Ω
		绝缘耐压试验	重要	内、外冷却系统设备的电动机及低压电气设备与地（外壳）之间的绝缘电阻不低于 10MΩ。低压设备与地（外壳）之间能承受 2000V 的工频试验电压，持续时间为 1min
2	单体调试	循环水泵验收	重要	1. 用 500V 绝缘电阻表检查电机绝缘电阻应不小于 0.5MΩ，相间绝缘电阻基本相同。 2. 循环水泵电机绕组的直阻测量，三相电阻不平衡度小于 5%。 3. 对于采用柔性联轴器的水泵，同心度小于 0.2mm。 4. 循环水泵至少运行 24h 后对喷淋泵的机封、电机的轴承、电机的外壳、电机的接线柱进行测温。 5. 循环水泵连接部位及轴封处无渗漏。 6. 循环水泵振动声音正常平稳
		工业补水泵验收	重要	1. 用 500V 兆欧表检查电机绝缘电阻应不小于 0.5MΩ，相间绝缘电阻基本相同。 2. 工业补水泵电机绕组的直阻测量，三相电阻不平衡度小于 5%。 3. 工业补水泵振动声音正常平稳
		电动阀门验收	重要	1. 阀门开关速度均匀，开关反馈正常。 2. 调整门线性合理
		电动滤水器试转	重要	1. 自动反冲洗旋转运行正常。 2. 沉积物自动排污孔板旋转功能正常。 3. 电动滤水器连接部位无渗漏现象。 4. 运行流量满足要求。 5. 电机绝缘电阻不小于 1MΩ，相间电阻基本相同，三相电阻不平衡度小于 5%
		冷却塔试运	重要	1. 冷却塔风扇叶片清洁无变形。 2. 喷淋管及喷嘴无堵塞，水流均匀。 3. 栅栏和积水箱清理无杂物。 4. 风机无锈蚀部位。 5. 用 500V 绝缘电阻表检查电机绝缘电阻应不小于 0.5MΩ，三相电阻不平衡度小于 5%。 6. 风机轴承转动均匀，无卡涩，无磨损，必要时补充润滑油脂。 7. 冷却塔外观无锈蚀，螺栓紧固，无渗漏水现象。 8. 风机变频器的保护定值正确；变频器的电压、电流测量精度满足要求。 9. 动力柜接线检查；动力回路运行 24h 后进行红外测温。 10. 风机试转合格

续表

序号	项目	内容	等级	要求
2	单体调试	加药系统	重要	1. 药桶中药液充满。 2. 阀门和液位开关位置正确。 3. 加药泵绝缘不小于 1MΩ，相间电阻基本相同，运转正常
3	系统调试	系统的逻辑验证	重要	按照 DCS 循环水系统逻辑，现场进行实际验证，确保逻辑的正确性以及设备动作的正确性
		外冷控制系统	重要	1. 继电器、空气开关工作正常，无老化、破损、发热现象。 2. 端子排无松动、锈蚀、破损现象，运行及备用端子均有编号。 3. 调相机外冷水冷却塔风扇电机及其接线盒应采取防潮防锈措施。 4. 二次电缆接线布置整齐、无松动；电缆绝缘层无变色、损坏现象；电缆接地线完好，电缆号头、走向标示牌无缺失现象；二次回路电缆绝缘良好。 5. 外冷系统的冷却风机宜采用变频调速模式，当采用变频器控制和调节冷却风机运行时，应增加工频强投回路，确保当变频器异常时，能通过工频回路继续控制冷却风机运行。 6. 外水冷风机应分组启停控制，且每组风机宜依次启停控制；当单组风机长期运行时，应具有整组风机定时切换、手动切换及故障切换功能。 7. 核查各元件、继电器的参数值设置正确。 8. 核查调相机外冷系统水温、水位等传感器的测量值比对结果正常

3.3 除盐水系统

3.3.1 到场监督

序号	项目	内容	等级	要求
1	本体跟踪	外观检查	一般	1. 设备到达现场后，应由建设、制造、监理、施工、设备保管等相关单位共同开箱查验设备的规格、数量和外观完好情况，作记录并经各方签证。对有缺陷的设备和部套应按合同约定进行处理。 2. 在开箱检查时，应防止损伤和损坏设备及零部件。对装有精密设备的箱件，应注意对加工面妥善保护
		管道及阀门检查	重要	1. 无裂纹、缩孔、夹渣、黏砂、折叠、漏焊、重皮等缺陷。 2. 表面应光滑，不允许有尖锐划痕。 3. 凹陷深度不得超过 1.5mm，凹陷最大尺寸不应大于管子周长的 5%，且不大于 40mm。 4. 检验合格的钢管应按材质、规格分别放置，并作标识，妥善保存，防止锈蚀。 5. 法兰密封面应光洁、平整，不得有贯通沟槽，且不得有气孔、裂纹、毛刺或其他降低强度和连接可靠性的缺陷。 6. 螺栓、螺母的螺纹应完整，无伤痕、无毛刺等缺陷，螺栓与螺母应配合良好，无松动或者卡涩。 7. 管道支吊架各部件应符合下列规定： （1）管道支吊架的形式、材质应符合设计图纸要求。 （2）焊缝不得漏焊、欠焊，焊缝和热影响区表面不得有裂纹、明显咬边、变形等缺陷。 （3）杆件直径、长度符合设计图纸要求，表面无锈蚀，无弯曲，变形等缺陷。 （4）支架的滚动、滑动工作面应平整光滑，无卡涩。

续表

<table>
<tr><th>序号</th><th>项目</th><th>内容</th><th>等级</th><th>要求</th></tr>
<tr><td rowspan="3">1</td><td rowspan="3">本体跟踪</td><td>管道及阀门检查</td><td>重要</td><td>（5）各部件应采用机械加工，并进行防锈处理。
8. 弹簧应符合下列规定：
（1）外观检查不应有裂纹、变形、锈蚀、划痕等缺陷。
（2）弹簧组件应按设计要求销锁定位，指示标记刻度清楚，指针完好。
9. 塑料管道检查应符合下列规定：
（1）焊口排列整齐、熔接牢固、无鼓泡、烧焦裂纹。
（2）承接口黏接剂涂刷均匀、结合密实。
（3）丝扣连接应紧固不乱丝，并留有 2~3 扣紧力。
（4）垫片材质符合输送介质的耐腐蚀性能。
（5）满足设计要求的相关证明材料需检查并扫描留存</td></tr>
<tr><td>超滤装置检查</td><td>重要</td><td>1. 检查应符合下列规定：
（1）各部件的外观不应有缺损，包装和标识应规范、完整。
（2）设备和膜组件的型号、规格、数量和原产地应符合合同要求。
（3）材质应符合合同要求。
（4）备品备件型号、数量应符合合同要求。
2. 膜保管应符合下列规定：
（1）膜存放环境应干燥、通风良好，远离热源、点火装置和阳光直射。
（2）膜保管应防雨、防尘，储存温度应为 5~40℃；湿法包装的膜组件应确保包装袋密封严密；运输时不应受到撞击、颠簸、抛掷和重压等外力作用。
（3）未使用的膜元件不应排除内部的保存液。
（4）元件或膜不应接触有机溶剂、含有氯或浓酸的溶剂</td></tr>
<tr><td>电除盐装置检查</td><td>重要</td><td>1. 应对设备进行外观检查，任何部件不应有缺损，包装和表示应规范、完整，具体还应满足一下要求：
（1）结构合理，各构件连接符合设计图纸的要求。
（2）焊接平整，无夹渣；防腐涂层均匀，无皱纹、黏附颗粒杂质和明显刷痕等缺陷。
（3）用水平仪测量设备框架及相关管线，其垂直偏差应符合下列要求：
支管中心线应垂直于母管中心线，其垂直偏差不应超过 0.003L，见图 3–1；母管法兰面相对于母管中心线的垂直度 Δf_1 不应大于 1mm。 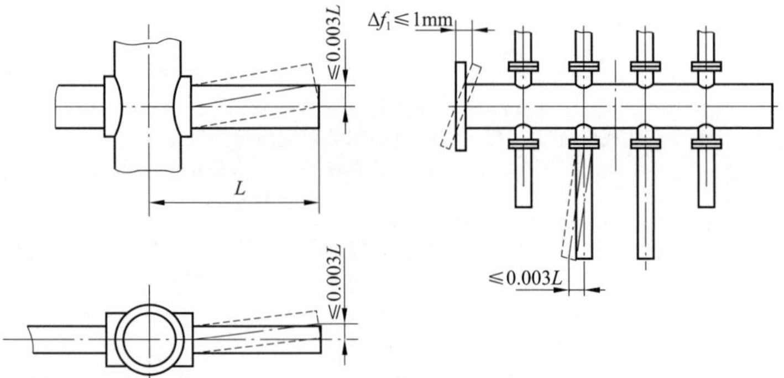

图 3–1　母支管垂直偏差

2. 对所配各设备和膜组件的型号、规范、数量应进行核查，应满足合同要求。
3. 材质检查和焊接检查应满足如下要求：
（1）电除盐水处理装置所有过流部件和承压管路的选材应满足压力等级和耐腐蚀性方面的要求，不得对水质有污染。
（2）放置电除盐膜组件的组合架应根据环境条件采取合适的材质及防腐措施。
（3）UPVC、PE 工程塑料管件粘接时，接口应打磨干净，并严格按粘接工艺施工，粘接完毕妥加保护，并使黏接剂充分固化后再进行安装。
4. 备品备件型号、数量核查结果应满足合同要求</td></tr>
</table>

<table>
<tr><th>序号</th><th>项目</th><th>内容</th><th>等级</th><th>要求</th></tr>
<tr><td rowspan="3">1</td><td rowspan="3">本体跟踪</td><td>反渗透装置检查</td><td>重要</td><td>1. 设备检查应符合下列规定：
（1）保安过滤器的过滤精度不应高于 5μm。
（2）保安过滤器滤芯应完好、清洁、无杂物，安装应牢固。
（3）膜组件应符合下列规定：
1）包装袋应完好无破损。
2）湿法包装的膜组件内部保护液应无泄漏。
3）膜组件外观无损伤、发霉、变质及杂物。
4）膜组件长度和直径应符合产品技术文件规定，几何尺寸允许偏差为 3mm。
5）密封圈应完好，两端的淡水管内壁应光滑，无凸起物。
（4）反渗透膜筒体内表面应光滑，密封面无划痕，壁厚应均匀。
（5）端板表面应平整无损伤，密封面应无划痕，易于拆卸。塑料接头表面应光滑、无破损。
2. 电厂化学符合如下规定：
（1）反渗透的膜元件，装入系统前，应按制造厂的要求进行保管。
（2）压力容器外壳应存放在室内，水平放置，中间不能悬空。施工过程应防止撞击损坏。
（3）膜组件在装配前检查淡水管、膜片、挡板、盐水密封环的安装方向正确。组装环境应满足制造要求，组件装完后，通水应无渗漏。
（4）多单元反渗透装置，膜组件框架上的几何尺寸允许误差为 ±5mm，膜组件在框架的几何尺寸允许误差为 ±3mm。
（5）高压泵至膜组件间的法兰应使用聚四氟乙烯材质的垫片。
（6）保安过滤器至膜组件的管道应保证管道内壁的清洁，必要时采用化学清洗。
（7）供水系统温度、压力保护装置，应灵敏可靠。
（8）反渗透系统中的各类加药设备和化学在线仪表，在使用前应安装、校验完毕，具备投入条件。
（9）反渗透装置通水时，其进水水质应满足浊度小于 0.2NTU</td></tr>
<tr><td>泵组的检查</td><td>重要</td><td>泵体应检查下列各项并符合规定：
1. 铸件应无残留的铸砂、重皮、气孔、裂纹等缺陷。
2. 各部件组合面应无毛刺、无伤痕、无锈污，精加工面应光洁。
3. 壳体上通往轴封和平衡盘等处的各个孔洞和通道应畅通无堵塞，堵头应严密。
4. 泵体支脚和底座应接触密实。
5. 滑销和销槽应平滑无毛刺，滑销间隙应符合制造厂要求，总间隙宜为 0.05~0.08mm。
6. 泵轮、导叶和诱导轮应光洁无缺陷，泵轴与叶轮、轴套、轴承等互相配合的精加工面应无缺陷和损伤，配合应符合图纸要求。
7. 泵轮组装时泵轴和各配合件的配装面应擦粉剂涂料或润滑剂。
8. 组装后的转子，轴套、叶轮密封环处的径向晃动应符合表 3-3 的规定。
9. 泵轴径向晃度应小于 0.05mm。
10. 叶轮与轴套的端面应与轴线垂直并接触严密。
11. 密封环应光洁、无变形、无裂纹

表 3-3　轴套和水泵叶轮密封环处径向跳动允许值（mm）
<table><tr><td>标称直径</td><td>≤ 50</td><td>≤ 120</td><td>≤ 260</td><td>≤ 500</td><td>≤ 800</td><td>≤ 1250</td><td>> 1250</td></tr><tr><td>径向晃度</td><td>0.05</td><td>0.06</td><td>0.08</td><td>0.10</td><td>0.12</td><td>0.16</td><td>0.20</td></tr></table></td></tr>
<tr><td>铭牌检查</td><td>一般</td><td>1. 设备应有铭牌或相当于铭牌的标志，内容包括：
（1）制造厂名称和商标。
（2）设备型号和名称。
2. 抄录除盐水系统各部件铭牌参数，并拍照片，编制设备清册</td></tr>
</table>

续表

序号	项目	内容	等级	要求
2	附件跟踪	备品备件检查	重要	检查是否有相关备品备件，型号及数量是否相符，做好相应记录
		随机文件		随机文件检查应满足合同要求及以下内容： 1. 装箱清单。 2. 说明书和操作指导书。 3. 质量证明书、检验合格证。 4. 工艺流程图、机电原理图、设备总图，提供的图纸应能满足设备维护和检修的需要。 5. 备品备件清单。 6. 用户在订货合同中要求提供的其他文件
		专业工器具检查	重要	根据采购合同、技术协议核对到场的专用工器具，列出专用工器具清单，记录缺少及不符的专用工器具

3.3.2 安装监督

序号	项目	内容	等级	要求
1	安装投运技术文件	相关文件及资料核查	重要	采购技术协议或技术规范书、出厂试验报告、交接试验报告、安装质量检验及评定报告、工程、竣工图纸及设备说明书等资料应齐全，扫描并存档
2	系统整体跟踪	系统管道及布置设计检查	重要	1. 设备布置及管道安装图满足现场施工安装的要求。 2. 除盐水系统管道： （1）整个系统的管道设计避免死角，以防细菌的生长。 （2）装置本体管道采用 UPVC。 （3）组件给水系统考虑均匀性。 3. 管道材质要求： （1）不锈钢管：反渗透装置的高压进水管、冲洗水管、循环水加稳定剂；材质为 304SS。 （2）塑料管（PVC–C）：生水管、超滤装置进出水管、反洗水管、超滤保安过滤器的进水管。 （3）塑料管（UPVC）：氧化剂、凝聚剂、还原剂、碱加药管及 EDI 装置进出水管。 4. 管道流速： （1）水泵入口管不大于 1.0m/s。 （2）压力管道不大于 2.5m/s。 （3）排空管道大于 1m/s
3	管道及阀门	管道的安装检查	重要	1. 穿墙及过楼板的管道，所加套管应符合设计规定。当设计无要求时，穿墙套管长度不应小于墙厚，穿楼板套管宜高出楼面或地面 25~30mm。 2. 管道与套管的空隙应按设计要求填塞。当设计没有明确给出要求时，应用不燃烧软质材料填塞。 3. 记录管道法兰和接头紧固力矩要求，并对紧固的螺栓做好标记。 4. 管线短，附件少，整齐美观。 5. 便于安装、检修和支吊。 6. 不影响设备的起吊和搬运。 7. 不应布置在配电盘和控制盘的上方

续表

序号	项目	内容	等级	要求
3	管道及阀门	阀门安装检查	重要	1. 阀门安装前应清理干净，法兰或螺纹连接的阀门应在关闭状态下安装，安装搬运阀门时，不得以手轮作为起吊点，且不得随意转动手轮。 2. 阀门应按图纸设计的型号、介质流向，根据阀壳上流向的标识正确安装。当阀壳上无流向标识时，应根据厂家图纸标定的阀门结构、工作原理分析确定。一般要求如下： （1）截止阀和止回阀：介质应由阀瓣下方向上流动。 （2）单座式节流阀，介质由阀瓣下方向上流动。 （3）双座式节流阀：以关闭状态下能看见阀芯的一侧介质的入口。 3. 阀门连接应自然，不得强力对接或承受外加应力，法兰紧固需均匀。 4. 阀门传动装置安装应符合下列规定： （1）万向接头转动应灵活。 （2）传动杆与阀杆轴线的夹角不宜大于 30°。 （3）有热位移的阀门，传动位置应采用补偿措施。 5. 阀门的安装，手轮及执行机构不宜朝下，以便于操作和检修
4	水处理设备	保安过滤器安装跟踪	重要	1. 滤芯要安装紧固，耐水冲击。 2. 内部的装设精度符合下列要求： （1）设备内部的进水挡板，穹形多孔板和叠片式大水帽等集排水装置与筒体中心线的偏移不大于 5mm，倾斜度偏差不大于 4mm。 （2）水帽在安装前应进行抽查，利用塞尺和游标卡尺对水帽缝隙和外形尺寸进行测量，要求 ABS 水帽缝隙误差为 ±0.03mm，不锈钢水帽缝隙误差为 ±0.05mm。水帽帽头直径、杆长及杆内（外）直径尺寸误差不大于设计植的 ±1%。 （3）安装完毕应进行检查，水帽与多孔板应严密和牢固，水帽总体高度应一致，允许偏差为 5mm。 （4）支管开孔应光滑，无毛刺，套裹支管的网套应无破损并符合设计要求，应捆扎牢固。 （5）支管中心线应垂直于母管中心线，其垂直偏差不应超过 0.003L，见图 3-2；母管法兰面相对于母管中心线的垂直度 Δf_1 不应大于 1mm 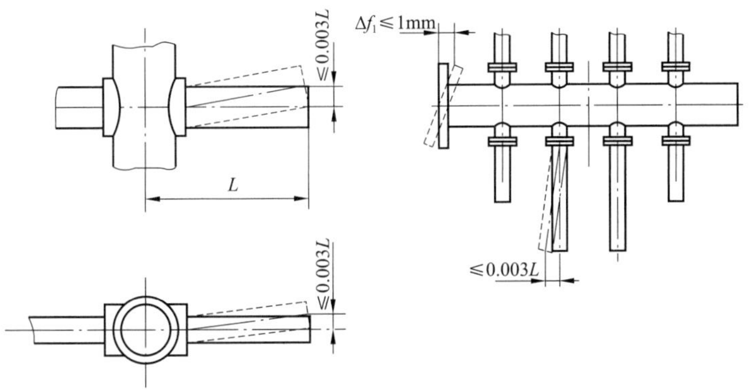 $\Delta f_1 \leq$1mm　≤0.003L　L **图 3-2　母支管垂直偏差**
		超滤装置安装跟踪	重要	膜组件安装应符合下列规定： 1. 膜组件组装时应轻拿轻放，不应受到额外外力。 2. 膜组件内部应无变质、发霉及杂质，膜组件应无内漏。 3. 超滤、微滤膜组件组装前应对装置进行水压试验和水冲洗。水压试验压力应不小于泵的最大扬程，冲洗水采用过滤后的清水，冲洗至进、出口浊度一致为合格。

续表

序号	项目	内容	等级	要求
4	水处理设备	超滤装置安装跟踪	重要	4. 膜组件安装应符合产品技术文件的要求。 5. 配管连接时不应破损膜组件。 6. 金属箍在与配管连接时不应使装置变形，避免损坏膜组件。 7. 塑料制成的膜组件容器，不应坠落或受到撞击。 8. 安装后应用过滤水冲洗干净
		加药系统安装跟踪	重要	1. 箱、槽、罐的加工质量应符合下列规定： （1）箱、槽、罐应严格按设计要求加工，箱壁、箱底应平整。 （2）肋、筋等加固件应焊接牢固。 （3）有防腐层的箱、槽、罐，防腐层应完好无损，应检验合格。 （4）箱体的垂直允许偏差应为箱体高度的 0.15%。 （5）附件齐全，其质量应符合相关标准的规定。 （6）灌水试验应合格。 2. 计量泵的安装应符合下列规定： （1）泵体找正应以机身滑道、轴承座、轴外露部分或其他精加工面为测量基准。整体出厂的往复泵纵横向安装水平允许偏差为 0.05%；解体出厂的往复泵动力端机座纵向安装水平允许偏差为 0.02%，横向安装水平允许偏差为 0.05%。 （2）输液系统内的安全阀应动作灵活。 （3）工质与柱塞直接接触的往复泵入口，应按产品技术文件规定加装便于拆装的滤网。无要求时，一般可加装网孔尺寸为 0.150~0.300mm 的滤网。滤网有效面积不应小于入口管截面积的 3 倍。滤网材料应能耐工质的腐蚀。 3. 安装时应测量下列间隙，并做好记录，数据应符合产品技术文件的要求： （1）减速箱蜗轮与蜗杆的窜动间隙。 （2）柱塞与柱塞衬套的间隙。 4. 隔膜泵缸体安装应符合下列规定： （1）前后缸头螺栓紧力应均匀。隔膜装好后，不应因挤压而发生变形。 （2）填料压盖的紧力应符合产品技术文件的要求。 （3）进、排液阀的所有螺纹连接处，应缠绕耐腐蚀材料加以密封。 （4）应按产品技术文件的规定加注液压油，液压腔内的气体应排尽。 5. 对需要解体检查的往复泵，拆装应符合下列规定： （1）出厂已装配完善的组合件不得拆卸。 （2）解体检查时应对零部件做标记，以免错装。 （3）传动副各部位的装配间隙和接触情况应符合产品技术文件的要求。 6. 主机零部件及接触面清理后，应将清洁剂和水分除净，并应涂上一层润滑油。 7. 进液阀、排液阀、填料和其他密封面不得用蒸汽清洗。 8. 计量泵的试运应符合产品技术文件的要求或按安装工程施工及验收规范的相关规定执行。 9. 箱、槽的液位计应垂直安装，并应加装隔离门和保护罩。安装位置应便于监视，指示应清晰
		电除盐装置安装跟踪	重要	1. 电除盐装置的安装应符合下列规定： （1）组件的搬运应符合产品技术文件的要求。 （2）组件安装的水平允许偏差为 2mm，中心线、标高允许偏差为 10mm，进出口管方位应正确。 （3）组件就位后应及时固定。 （4）组件与系统管路连接前，进水管应冲洗，进入组件的水质应符合产品技术文件的要求。 （5）板框式组件注水前必须检查其螺栓的扭矩，各螺栓的扭矩应符合产品技术文件的要求。

续表

<table>
<tr><th>序号</th><th>项目</th><th>内容</th><th>等级</th><th>要求</th></tr>
<tr><td rowspan="6">4</td><td rowspan="6">水处理设备</td><td>电除盐装置安装跟踪</td><td>重要</td><td>（6）管接头连接时应确认已去除封闭管口的堵头。
（7）各模块浓水管、淡水管、极水管的连接应正确。
（8）管接口的密封方式应按照产品技术文件的规定进行。
（9）塑料管接头不应过度拧紧，以免损坏螺纹、影响密封。
2. 电除盐设备必须可靠接地</td></tr>
<tr><td>水泵组的检查</td><td>重要</td><td>1. 叶轮旋转方向应与壳体上的标识一致，固定叶轮锁母的锁紧装置应锁好。
2. 离心泵的密封环与泵壳间应有 0.00~0.03mm 的径向间隙，密封环应配有定位销，定位销应比泵壳水平结合面稍低。
3. 密封环和叶轮配合处的每侧径向间隙应符合表 3–4 的规定，但不得小于轴瓦顶部间隙且应四周均匀；排污泵和循环水泵可采用比上述规定稍大的间隙值。
表 3–4 水泵密封环径向间隙（mm）
<table><tr><td>泵轮密封环处直径</td><td>ϕ80~120</td><td>ϕ120~180</td><td>ϕ180~260</td><td>ϕ260~360</td><td>ϕ360~500</td></tr><tr><td>密封环每侧径向间隙</td><td>0.12~0.20</td><td>0.20~0.30</td><td>0.25~0.35</td><td>0.30~0.40</td><td>0.40~0.60</td></tr></table>4. 密封环处的轴向间隙应大于泵的轴向窜动量并不得小于 0.50mm。
5. 用于水平结合面的涂料、垫料的厚度，应保证各部件规定的紧力值；用于垂直结合面的涂料、垫料的厚度，应保证各部件规定的轴向间隙值，结合面安装好定位销后螺栓应均匀紧固。
6. 使用平衡盘的离心泵，其平衡盘的检查与安装应按给水泵的规定进行。
7. 装配好的水泵，未加密封填料时转子转动应灵活，不得有偏重、卡涩、摩擦等现象。
8. 水泵与管道连接前，进、出口应临时封闭，确保内部清洁无杂物</td></tr>
<tr><td>超滤、反渗透及 EDI 用保安过滤器安装跟踪</td><td>重要</td><td>超滤、反渗透及 EDI 用保安过滤器满足以下要求：
1. 保安过滤器的结构材质选用耐腐蚀材质。
2. 保安过滤器的结构满足快速方便的更换滤芯的要求。
3. 保安过滤器本体上设排放阀、排气阀。
4. 保安过滤器的进、出口带手动阀门。
5. 保安过滤器的滤芯选用聚丙烯材质。
6. 超滤保安过滤器过滤精度 100μm。
7. 反渗透保安过滤器滤芯过滤精度 5μm。
8. EDI 保安过滤器滤芯过滤精度 1μm。
9. 保安过滤器滤保证使用大于 6 个月</td></tr>
<tr><td>水箱安装跟踪</td><td>重要</td><td>1. 水箱基础应防腐完毕并验收合格。水箱就位后，箱底与基础接触面应受力均匀，并应做灌水试验。
2. 卧式箱、槽、罐的支座圆弧与箱壁应接触均匀，无明显间隙。
3. 水箱的呼吸管应有足够的通流截面，溢流管不得伸入排水沟的水面下。
4. 水位计的安装位置应便于监视，指示应清晰、无卡涩现象，水位计应安装隔离门和保护罩。严寒地区的室外水箱不得采用玻璃管水位计</td></tr>
<tr><td>反渗透装置安装跟踪</td><td>重要</td><td>装置安装应符合下列规定：
1. 安装膜元件时，环境应清洁，温度应在 4~35℃之间。
2. 反渗透设备基础中心允许偏差为 10mm，标高允许偏差为 5mm，水平度允许偏差为设备长度的 0.15%，框架基础的几何尺寸允许偏差为 5mm。
（1）反渗透装置宜不少于两套，各套的反渗透装置的保安过滤器、反渗透给水泵应独立配置，并与反渗透装置串联连接。
（2）反渗透装置应有流量、压力、温度等控制措施，反渗透装置的出水口应设置电动慢开阀门等稳压装置。</td></tr>
</table>

续表

序号	项目	内容	等级	要求
4	水处理设备	反渗透装置安装跟踪	重要	（3）反渗透装置宜连续运行，停运时应进行冲洗。 （4）反渗透装置应设置加药和清洗装置。 3. 主机架安装应牢固，焊缝平整，涂层应均匀美观、无擦伤、无划痕。 4. 装卸膜元件一侧的预留空间应大于单支膜元件长度的 1.2 倍，以满足施工的要求。 5. 膜壳的底部宜用弧形垫块支撑，并用 U 形卡将膜壳固定在支架上。 6. 组件在装配前应检查泼水管、膜片、挡板、盐水密封环等零件，确认完好无损。 7. 卡箍式连接时，两端与管道的连接应采用焊接，高压段管道的固定应满足径向、纵向位移要求。 8. 保安过滤器至膜组件的管道内壁应清洁，污染严重时应采用化学方法清洗干净。 9. 膜壳内壁应采用机械擦洗，有油污时应用热碱水清洗干净。 10. 装膜组件前，系统管路应冲洗干净，水质应符合设计要求，入口、出口水的浊度应小于 1.0NTU。 11. 水压试验压力不应低于高压泵的最大扬程。 12. 反渗透膜元件装入前应进行外观检查，不得使用有缺陷的元件。 13. 高压环氧外壳、淡水管、膜片、挡板、O 形密封环等部件的同心度应符合产品技术文件的要求。 14. 垫片材质应采用聚四氟乙烯材料。 15. 应按产品技术文件规定的顺序将盐水密封环装入压力容器外壳，安装方向应正确。 16. 膜元件排列位置应准确。 17. 水浸后，膜面应完好无损。 18. 安装膜组件时不得使用凡士林、有机溶剂、阳离子表面活性剂。应使用厂家指定的专用润滑剂
		加药系统安装跟踪	重要	加药装置安装时应符合下列规定。 1. 箱、槽的加工质量应符合下列要求： （1）箱、槽、罐应严格按设计要求加工，箱壁、箱底应平整。 （2）肋、筋等加固件应焊接牢固。 （3）有防腐层的箱、槽、罐，防腐层应完好无损，应检验合格。 （4）箱体的垂直允许偏差应为箱体高度的 0.15%。 （5）附件齐全，其质量应符合相关标准的规定。 （6）灌水试验应合格。 2. 加药管路安装应符合下列规定： （1）管子的材质应符合设计要求。安装前检查管内，应清洁、畅通。 （2）管子的弯制宜采用冷弯，弯曲半径不小于管外径的 3 倍；弯制后管壁应无裂缝、凹坑，弯曲断面的椭圆度允许偏差为管径的 10%。 （3）管路敷设应符合设计要求或按现场具体情况合理布置。安装管道时应避开有剧烈震动、潮湿和有腐蚀性介质的区域。 （4）敷设管路时应考虑主设备及管道的热膨胀，并应采取有效的膨胀补偿措施，大于 25℃的管路宜采用自然膨胀补偿，并预留出设备和管道膨胀的空间。 （5）成排敷设的管道间距应均匀，管路的弧度应一致。 （6）敷设于地下、穿过平台、墙壁的管路，应加装保护套管。 （7）相同直径的管子对焊，不得有错口现象；不同直径的管子对焊，其内径差值不宜超过 2mm，否则应采用变径管。 （8）管路敷设完毕应检查确认无漏焊、堵塞和错接等现象，并做严密性试验。 （9）在寒冷地区，室外取样管道应有防冻措施。 3. 加药管路支架安装应符合下列规定： （1）管路支架的安装应牢固。 （2）管路支架的间距宜均匀。

3.3.3 调试监督

序号	项目	内容	等级	要求
1	管道压力试验	管道压力试验	重要	1. 管道系统严密性试验前应具备以下条件： （1）管道及系统安装完毕，符合有关规定及设计要求。 （2）试验用压力表应经检验、校准合格。 （3）承压管道系统膨胀装置完善，指示正确，管道补偿器应按照要求临时锁紧。 （4）弹性支吊架应用固定销或其他方式锁定。 （5）参与水压试验的临时管道和管件应满足压力试验强度要求。 2. 高压管道系统试验前应具备下列项目文件： （1）经审批的水压试验方案。 （2）制造厂的管道、管件合格证明书。 （3）合金材料的光谱、硬度复查报告。 （4）阀门试验记录。 （5）焊接检验及热处理记录。 （6）设计修改及材料代用记录。 （7）施工记录。 3. 管道试验系统应与试验范围以外的管道、设备、仪器等隔离。 4. 管道系统试验过程中，如有渗漏，应降压消除缺陷后再进行试验，不得带压处理。 5. 严密性试验以水压试验为主。 6. 严密性试验采用水压试验时，水质应符合规定，充水时应保证将系统空气排尽，试验压力应符合设计图纸要求，如设计无规定，试验压力宜为设计压力的 1.25 倍，但不得大于任何非隔离元件，如系统内容器、阀门或泵的最大允许试验压力，且不得小于 0.2MPa。 7. 管道与容器作为一个系统进行水压试验时，应符合下列规定： （1）管道试验压力小于等于容器试验压力时，管道可以与容器一起按管道的试验压力进行试验。 （2）管道试验压力超过容器试验压力时，且管道与容器无法隔断时，管道和容器一起按照容器的试验压力试验。 8. 管道系统水压试验时，应缓慢升压，达到试验压力后应保持 10min，然后将至工作压力，对系统进行全面检查，无压降、无渗漏为合格。 9. 试验结束后，应排尽系统内全部存水。 10. 衬胶、衬塑、玻璃钢、塑料及其他非金属材料的管道，严密性试验的压力为其额定工作压力。不同额定工作压力的设备、管道安装在同一系统中，宜按系统中额定工作压力最低的设备或管道的额定工作压力做系统严密性试验。当工作压力未明确时，可将动力设备扬程折算为工作压力
2	设备调试	设备运行检查	重要	1. 设备运行时无异常声响、无异常振动。 2. 设备运行时阀门位置正确
		水箱液位	重要	1. 原水箱液位变送器：当原水箱液位下降至 50% 时，原水入口阀打开将自来水补入原水箱，当原水箱液位逐渐升至 100%，原水入口阀自动关闭。当原水箱液位低于 10% 时，原水泵停止运行。 2. 超滤产水箱液位变送器：当超滤产水箱液位下降至 50% 时，原水泵开启，通过自清洗过滤器和超滤装置产水进入超滤产水箱，当超滤产水箱液位逐渐升至 100%，原水泵停止运行。当超滤产水箱液位低于 10% 时，RO 给水泵停止运行。 3. RO 产水箱液位变送器：当 RO 产水箱液位下降至 50% 时，RO 给水泵开启，一、二级高压泵开启，二级 RO 产水进入 RO 产水箱，当 RO 产水箱液位逐渐升至 100%，RO 给水泵停止运行，一、二级 RO 高压泵停止运行。当 RO 产水箱液位低于 10% 时，EDI 给水泵停止运行。 4. 除盐水箱液位变送器：当除盐水箱液位下降至 50% 时，EDI 给水泵开启，EDI 产水进入除盐产水箱，当除盐水箱液位逐渐升至 100%，EDI 给水泵停止运行，当除盐水箱液位低于 10% 时，纯水输送泵停止运行

续表

<table>
<tr><th>序号</th><th>项目</th><th>内容</th><th>等级</th><th>要求</th></tr>
<tr><td rowspan="4">2</td><td rowspan="4">设备调试</td><td>压力变送器</td><td></td><td>1. 超滤装置：超滤进水及产水侧均装有压力变送器，可监控超滤装置的运行压力，当压力发生异常时，系统将停止运行。
2. 一级反渗透装置：一级反渗透装置的进水及浓水侧均装有压力变送器，可监控一级反渗透装置的运行压力，当压力发生异常时，系统将停止运行。
3. 二级反渗透装置：二级反渗透装置的进水及浓水侧均装有压力变送器，可监控二级反渗透装置的运行压力，当压力发生异常时，系统将停止运行</td></tr>
<tr><td>压力开关</td><td></td><td>1. 一级高压泵：一级高压泵的进口装有低压开关，出口装有高压开关，当一级高压泵的进口压力低于设定值或出口压力高于设定值时，一级高压泵将停止运行。
2. 二级高压泵：二级高压泵的进口装有低压开关，出口装有高压开关，当二级高压泵的进口压力低于设定值或出口压力高于设定值时，二级高压泵将停止运行</td></tr>
<tr><td>流量开关</td><td></td><td>EDI 浓水侧装有流量开关，当 EDI 浓水流量低于设定值时，EDI 电源关闭，EDI 给水泵停止运行</td></tr>
<tr><td>超滤装置</td><td>重要</td><td>1. 超滤装置主要是去除水中的悬浮物、胶体及部分有机物和细菌，其出水的浊度小于 0.2NTU（水中悬浮物对光透过时的阻碍程度），完全满足后续反渗透的进水要求。
2. 产水量为 2.85m^3/h，回收率大于 90%。
3. 超滤装置的启动和调整，应符合下列规定：
（1）在连接和安装滤元前，整个系统和管道应清洁、无杂物，防止系统中的杂质、油及腐蚀性物质进入滤元中。
（2）超滤装置启动前，进水水质应能满足超滤膜组件的要求。
（3）通水时，应缓慢进水，充分排除空气，防止膜组件破损。
（4）超滤水处理装置所有的阀门应开关灵活，阀位指示正确：电动阀运行平稳，振动和噪声指标应符合产品技术文件的要求。
4. 性能参数如表 3–5 所示。
表 3–5　超滤水处理装置的性能参数
<table>
<tr><th>序号</th><th>项目</th><th>要求</th></tr>
<tr><td>1</td><td>平均水回收率</td><td>大于 90%</td></tr>
<tr><td>2</td><td>产水量</td><td>2.85m^3/h</td></tr>
<tr><td>3</td><td>透膜压差</td><td>0.1~0.3MPa</td></tr>
<tr><td>4</td><td>化学清洗周期</td><td>60~180 天</td></tr>
<tr><td>5</td><td>制水周期</td><td>≤ 30min</td></tr>
<tr><td>6</td><td>反洗历时</td><td>45~60s</td></tr>
</table>
5. 出水指标如表 3–6 所示。
表 3–6　超滤水处理装置出水水质参考指标
<table>
<tr><th>序号</th><th>项目</th><th>指标</th></tr>
<tr><td>1</td><td>SDI</td><td><4</td></tr>
<tr><td>2</td><td>浊度</td><td><0.2NTU</td></tr>
<tr><td>3</td><td>悬浮物</td><td><1mg/L</td></tr>
</table>
</td></tr>
</table>

续表

<table>
<tr><th>序号</th><th>项目</th><th>内容</th><th>等级</th><th>要求</th></tr>
<tr><td rowspan="2">2</td><td rowspan="2">设备调试</td><td>电除盐装置</td><td>重要</td><td>1. EDI 装置将水中的微量离子去除，保证产水满足后续冷却水的进水要求。
2. EDI 装置：产水量为 $6m^3/h$, 回收率＞ 90%，电导率＜ 0.1μS/cm（25℃）。
3. 在性能试验前，电除盐水处理装置的井水应能满足电除盐膜组件对水质的要求。
4. 性能试验在水处理系统设备完成全部调试合格后进行，应在额定出力条件下运行 168h。性能试验的项目如表 3–7 所示。

表 3–7　电除盐水处理装置的性能参数
<table>
<tr><th>序号</th><th>项目</th><th>要求</th></tr>
<tr><td>1</td><td>平均水回收率</td><td>90%</td></tr>
<tr><td>2</td><td>运行压差</td><td>（1）初始运行进、出水压差应不大于 0.3MPa。
（2）产品水压力应大于浓水和极水压力 0.035MPa</td></tr>
<tr><td>3</td><td>产水量</td><td>$6m^3/h$</td></tr>
</table>
5. 性能指标。
（1）保安过滤器的流量和压差应达到设计值；新滤元投运初期压差宜小于 0.05MPa。
（2）电除盐水处理装置的性能参数如表 3–8 所示。
（3）出水指标。

表 3–8　出水指标
<table>
<tr><th>项目</th><th>数值</th><th>备注</th></tr>
<tr><td>产水量（m^3/h）</td><td>6</td><td></td></tr>
<tr><td>硬度（μmol/L）</td><td>0</td><td>1/2Ca+1/2Mg</td></tr>
<tr><td>电导率（μS/cm）</td><td>≤ 0.10</td><td></td></tr>
<tr><td>二氧化硅（μg/L）</td><td>≤ 10</td><td></td></tr>
<tr><td>pH 值</td><td>7~9</td><td></td></tr>
</table>
</td></tr>
<tr><td>反渗透装置</td><td>重要</td><td>1. 一级反渗透装置：产水量为 $7.41m^3/h$，脱盐率 95%~98%，回收率大于 80%。
2. 二级反渗透装置：产水量为 $6.67m^3/h$，回收率大于 90%，电导率小于 5μS/cm（25℃）。
3. 反渗透装置的启动和调整，应符合下列规定：
（1）系统内的各种通水设备、箱槽和管道应使用清水冲洗干净：加药、清洗系统应调试合格。
（2）高压泵和膜组件技运前，前置预处理设备应运行稳定，出水品质应符合反渗透装置的产品技术文件的规定。
（3）首次启动前，应使用清水将压力容器外壳、管路系统冲洗干净，再装入膜组件：低压冲洗应将系统内的空气排尽，并确认管路系统无渗漏后再开启高压泵。设备停运时，停高压泵后应使用反渗透装置出水冲洗膜组件 10~20min。
（4）启动高压泵和进行系统切换时，应防止系统内压力突然增大而损坏膜组件。膜组件的进口水压应调整在设计或产品技术文件规定的允许范围内。
（5）反渗透在短期停运时，应将膜组件浸泡在水温为 5~30℃的合格水中，每天启动运行 1~2h 或每周低压冲洗一次。
（6）反渗透装置的性能试验应按设计或产品技术文件的规定进行。产品水水质、水量应符合设计值，并计算脱盐率、回收率。</td></tr>
</table>

续表

<table>
<tr><th>序号</th><th>项目</th><th>内容</th><th>等级</th><th>要求</th></tr>
<tr><td>2</td><td>设备调试</td><td>反渗透装置</td><td>重要</td><td>4. 保安过滤器的流量和压差应达到设计值，新滤元投运初期压差一般小于0.05MPa。
5. 高压泵应在设计压力下达到额定流量，其他各项指标应满足合同要求。
6. 反渗透本体的性能参数如表 3–9 所示。
表 3–9　　反渗透本体的性能参数
<table>
<tr><th>序号</th><th>项目</th><th>常规反渗透</th></tr>
<tr><td>1</td><td>脱盐率</td><td>95%~98%</td></tr>
<tr><td>2</td><td>回收率</td><td>一级大于 80%, 二级大于 90%</td></tr>
<tr><td>3</td><td>运行压力</td><td>满足设计要求，初始运行进水压力一般不大于 1.5MPa</td></tr>
<tr><td>4</td><td>产水量</td><td>2.85m^3/h</td></tr>
</table>
</td></tr>
</table>

3.4 润滑油系统

3.4.1 到场监督

序号	项目	内容	等级	要求
1	本体跟踪	外观检查	一般	1. 设备到达现场后，应由建设、制造、监理、施工、设备保管等相关单位共同开箱查验设备的规格、数量和外观完好情况，作出记录并经各方签证。对有缺陷的设备和部套应按合同约定进行处理。 2. 包装：包装箱材料满足工艺要求，组附件应有良好的防尘措施。 3. 在开箱检查时，外观无损坏，应防止损伤和损坏设备及零部件。对装有精密设备的箱件，应注意对加工面妥善保护
		阀门	重要	1. 禁止使用铸铁阀门。 2. 保温应紧固完整，并包好铁皮。 3. 各类阀门到场检查，应符合下列规定： （1）开关灵活、指示正确。 （2）阀体外观检查： 1）无明显制造缺陷。 2）不得有裂纹、缩孔、夹渣、粘砂、折叠、漏焊、重皮等缺陷。 3）表面光滑，不得有尖锐划痕。 4）操作机构和传动装置应按设计要求进行检查调整，应动作灵活、指示正确
		法兰	重要	1. 法兰密封面应光洁、平整，不得有贯通沟槽，且不得有气孔、裂纹、毛刺或其他降低强度和连接可靠性的缺陷。 2. 带有凹凸面或凹凸环的法兰应自然嵌合，凸面的高度不应小于凹槽的深度。 3. 法兰端面上连接螺栓的支承面应与法兰接合面平行，紧固后受力应均匀。 4. 应校核法兰与设备待连接法兰各部尺寸。法兰的尺寸公差应符合规定，其中法兰厚度 C 的公差应符合表 3–10 的规定。

续表

<table>
<tr><th>序号</th><th>项目</th><th>内容</th><th>等级</th><th>要求</th></tr>
<tr><td rowspan="6">1</td><td rowspan="6">本体跟踪</td><td>法兰</td><td>重要</td><td>表 3–10 法兰厚度公差（mm）
<table><tr><td>法兰厚度</td><td>$C \leqslant 18$</td><td>$18 < C \leqslant 50$</td><td>$C > 50$</td></tr><tr><td>法兰公差</td><td>0~+2</td><td>0~+3</td><td>0~+4</td></tr></table>5. 金属垫片表面不得有裂纹、毛刺、贯通划痕、锈蚀等缺陷，其硬度应低于法兰硬度。
6. 外圈包金属垫片、缠绕式垫片不应有径向划痕，松散等缺陷</td></tr>
<tr><td>管道、管件、管道附件</td><td>重要</td><td>1. 管道、管件、管道附件在使用前，应按设计要求核对其规格、材质及技术参数。
2. 管道、管件、管道附件在使用前，外观检查应符合下列规定：
（1）不得有裂纹、缩孔、夹渣、粘砂、折叠、漏焊、重皮等缺陷。
（2）表面光滑，不得有尖锐划痕。
（3）凹陷深度不得超过公称壁厚的负偏差，清理后实际壁厚不得小于壁厚所允许的最小值。
3 . 有缝管道、管件，制造厂应提供焊缝检验报告。
4 . 厂家供货的油管等定型管道到货后，应确认运输过程未受损，管内壁清洁无锈蚀，并露出金属光泽。
5. 管道表面存在划痕、凹坑、腐蚀等局部缺陷的应作检查鉴定，鉴定不合格的不得使用。
6. 检验合格的钢管应按材质、规格分别放置，并作标识，妥善保管，防止锈蚀。
7. 螺栓、螺母的螺纹应完善，无伤痕、无毛刺等缺陷，螺栓与螺母应配合良好，无松动或卡涩。
8. 管道支吊架各部件应符合下列规定：
（1）管道支吊架的型式、材质应符合设计图纸要求。
杆件直径、长度符合设计图纸要求，表面无锈蚀、无弯曲、无伤痕。
（2）支架的滚动、滑动工作面应平整光滑，无卡涩。
（3）各部件应采用机械加工，并进行防锈处理。
9. 压力油管均用无缝钢管，连接处无泄漏。
10. 系统中使用的材料，包括密封元件、孔板、管道涂层以及橡皮管应该耐油。
11. 压力管和排放管内外表面必须采取防护措施，以防生锈</td></tr>
<tr><td>油箱（集装油箱、贮油箱）</td><td>重要</td><td>1. 外观无碰伤，各部焊缝无开裂、无漏焊；油箱内部隔板焊缝、型钢框架与箱体间的焊缝应严密。
2. 法兰内外口与油箱应焊接良好，栽丝孔应不穿透油箱壁。
3. 油箱内部应彻底清理干净，油漆无起皮或脱落现象</td></tr>
<tr><td>冷油器</td><td>重要</td><td>冷油器的检查，应符合下列规定：
1. 管板上的膨胀补偿圈应完整无折痕，规格符合要求。
2. 侧隔板位置正确，固定牢固，不得松旷。
3. 冷油器、法兰及仪表孔均应严密封闭</td></tr>
<tr><td>油泵</td><td>重要</td><td>1. 各部件组合面应无毛刺、伤痕、锈污，精加工面应光洁。
2. 泵体支脚和底座应接触密实。
3. 销槽应平滑无毛刺，总间隙宜为 0.05~0.08mm</td></tr>
<tr><td>过滤器</td><td>重要</td><td>1. 外观检查：清洁，无锈污及杂物，无损伤变形。
滤网保护板：完好，孔眼应符合制造厂要求。
2. 滤网：完好，无破损，固定牢靠，符合制造厂要求。
3. 切换阀：阀碟严密，阀杆不漏油，切换位置应在外部有明显标志</td></tr>
</table>

续表

序号	项目	内容	等级	要求
1	本体跟踪	排烟风机	重要	1. 外观检查：完好，无损伤，变形。 2. 盘动转子：转动正常，无异声
		油净化装置	重要	1. 装置检查：完好，无伤痕，组件齐全。 2. 设备水平：水平居中
		设备保管	重要	1. 风机： 风机外壳的内、外表面和叶轮的表面，应保持有合格的油漆涂层；外壳上的孔、洞应封盖好，防止进水。 2. 油泵： （1）各种泵类的泵壳外壁应保持有合格的油漆涂层。 （2）属长期维护保管的各种泵类，其盘根应取出，轴颈处应保持有合格的防锈油涂层，进、出口法兰及盘根部位应堵死，泵的叶轮及泵壳内壁应涂防锈油漆（但不能影响以后运行的工况）。 3. 加热器、冷油器： （1）加热器、冷油器等的内部，应保持无积水、浮尘和浮锈。 （2）属短期、长期维护保管的，各部位的法兰和冷油器内壁应保持合格的1号防锈脂或硬膜防锈油涂层。 4. 油箱： 油箱及油管道的外表面应保持有合格的油漆涂层。法兰及孔洞应封闭。属长期维护保管的，各结合面应保持涂有合格的防锈油脂或硬膜防锈油；箱内和管道内，应充、放气相缓蚀剂，密封保管。 5. 过滤器： 应保持有合格的油漆涂层；所有孔、洞应封闭好。 6. 电机： 电机到货后，应抓紧开箱清点检查，测定绝缘。如经综合判断，电机已严重受潮时，宜先经干燥后再保管。电机设备主体应存放在清洁干燥的库内，周围环境温度、湿度应符合制造厂的要求。电机的所有孔洞应堵塞严密。属第3类维护保管时，轴颈与端盖处的缝隙应涂防锈油脂密封。 7. 管道、管道附件及阀门： （1）按制造厂成套供货范围分类。 （2）直管的堆放，应采取适当的支垫措施，支承点间距离根据管径大小决定，叠置不宜过高。 （3）管子外壁应保持有合格的油漆涂层；管内应保持无浮锈、尘土、积水及潮气，密封保管。 （4）所有易受潮变质的管道、管道附件、垫片等，应存放在干燥的封闭库或保温库内。 （5）阀门内应无积水。贮存阀门时应竖立垫起，按顺序排放，避免法兰面朝上。 （6）未加缓蚀剂的门杆盘根应取出，添加缓蚀剂的门杆盘根应定期检查、更换。 （7）阀门的进出口应封堵，阀门内部的加工面、门杆及法兰面应保持有合格的防锈油脂或硬膜防锈油涂层
		铭牌检查	一般	1. 设备应有铭牌或相当于铭牌的标志，内容包括： （1）制造厂名称和商标。 （2）设备型号和名称。 2. 抄录润滑油系统主机和辅机以及附件铭牌参数，并拍照片，编制设备清册
2	附件跟踪	备品备件检查	重要	检查是否有相关备品备件，型号及数量是否与合同相符，做好相应记录

续表

<table>
<tr><th>序号</th><th>项目</th><th>内容</th><th>等级</th><th>要求</th></tr>
<tr><td rowspan="2">2</td><td rowspan="2">附件
跟踪</td><td>专业工器具检查</td><td>重要</td><td>1. 检查是否有相关专业工器具，型号及数量是否与合同相符，做好相应记录。
2. 记录随设备到场的专用工器具，列出专业工器具清单，专用工器具是否齐备及能否正常使用并妥善保管。
3. 如施工单位需借用相关工器具，须履行借用手续</td></tr>
<tr><td>相关文件及资料核查</td><td>重要</td><td>1. 制造厂应按照技术规范书要求，随设备提供给买方，包括但不限于下述资料：
（1）出厂试验报告、使用说明书、产品合格证、安装图纸。
（2）签证：
1）管道系统严密性试验。
2）管道系统清洗。
3）隐蔽工程。
埋地管道、管路完成后的系统恢复。
4）电动和手动阀门的调整。
（3）施工记录：
1）管道蠕胀测点的装设及初始测量。
2）阀门严密性试验。
（4）试验及检测报告：
1）安全门的整定、检定。
2）光谱、硬度复查。
（5）施工单位应提交的文件：
1）单位工程开工报告。
2）检查签证。
3）施工记录。
4）试验及检测报告。
5）设计变更闭环文件。
6）代用材料技术文件。
7）管道、管件、阀门及管道附件等的出厂产品质量证明文件。
8）设备缺陷报告及处理单。
（6）安全阀冷态调整记录、热态调整记录。
（7）工厂化配管项目文件。
（8）油箱灌水试验签证书、油箱最后封闭签证书。
（9）冷油器严密性试验记录。
2. 实际到货设备清单与合同一致</td></tr>
</table>

3.4.2 安装监督

<table>
<tr><th>序号</th><th>项目</th><th>内容</th><th>等级</th><th>要求</th></tr>
<tr><td>1</td><td>管道、阀门及法兰</td><td>管道、管件及管道附件安装检查</td><td>重要</td><td>一、管道安装一般规定
1. 管道安装应具备下列条件：
（1）混凝土柱、梁、墙、楼板预埋件及预留孔洞应符合图纸要求。
（2）与管道有关的钢结构安装质量应符合图纸要求。
（3）与管道连接的设备已找正固定。
（4）管道、管件、管道附件应检验合格。
（5）需在管道安装前完成的有关工序如管内清洗、脱脂等已完成。</td></tr>
</table>

续表

序号	项目	内容	等级	要求
1	管道、阀门及法兰	管道、管件及管道附件安装检查	重要	2. 管道及管道组件安装过程中，管内不得遗留任何杂物，施工过程应临时封堵。 3. 管道坡度方向与坡度应符合设计要求。 4. 管道在穿过墙壁、楼板时，穿墙处应有套管，位于隔墙、楼板内的管段不得有焊口。 5. 管道连接时，不得用强力对口、加热管道、加偏垫或多层垫等方法消除接口端面的间隙、偏斜、错口等缺陷。管道与设备的连接，应在管道安装和支吊架调整结束，设备安装定位后在自然状态下进行。 6. 管道或管件的对口应符合下列规定： （1）组对前应将坡口表面及附近母材清理干净，直至露出金属光泽，清理范围应符合下列规定： 1）对接接头：坡口每侧各 10 ~15mm。 2）埋弧焊接头：坡口每侧各 15 ~20mm。 （2）组对时应做到内壁根部齐平，错口值应符合下列规定： 1）对接单面焊的局部错口值应不得超过壁厚的 10%，且小于 1mm。 2）对接双面焊的局部错口值应不得超过焊件厚度的 10%，且小于 3mm。 （3）公称直径大于 D_N500mm 的管道对口间隙允许误差为 2mm，局部超过部分，总长度不得多于焊缝总长度的 20%。 （4）坡口内及边缘 20mm 内母材应无裂纹、无重皮、无坡口破损、无毛刺等缺陷。 7. 管道对口应平直，焊接角变形除特殊要求外，在距离焊口中心 200mm 处测量，折口允许偏差如图 3–3 所示。 管道公称直径小于 D_N100mm，a 为 2mm。 管道公称直径大于等于 D_N100mm，a 为 3mm 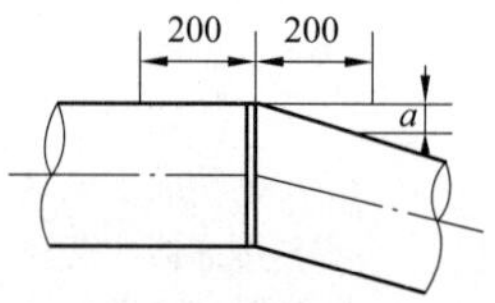 。 200 200 a **图 3–3　管道焊接角变形折口偏差示意图** 8. 管道对口符合要求后，应避免焊接或热处理过程中管道移动。 9. 流量测量、节流装置安装时，应符合以下规定： （1）安装方向及取压管角度应符合制造厂规定。 （2）上、下游直管段应符合制造厂规定，管道内表面应清洁，无污垢、无凹凸、无沉淀物。 （3）安装垫圈内孔边缘不得伸入管道内壁，角接取压装置的垫圈不得挡住取压口或槽。 （4）流量孔板、节流件必须在管道冲洗合格后再行安装。 10. 管道及系统安装全过程应实施洁净化施工。 11. 管道安装的允许偏差应符合表 3–11 的规定。

续表

<table>
<tr><th>序号</th><th>项目</th><th>内容</th><th>等级</th><th>要求</th></tr>
<tr><td>1</td><td>管道、阀门及法兰</td><td>管道、管件及管道附件安装检查</td><td>重要</td><td>
表 3-11　管道安装的允许偏差
<table>
<tr><th colspan="2">项目</th><th colspan="2">允许偏差（mm）</th></tr>
<tr><td rowspan="5">标高</td><td rowspan="2">架空</td><td>室内</td><td>< ±10</td></tr>
<tr><td>室外</td><td>< ±15</td></tr>
<tr><td rowspan="2">地沟</td><td>室内</td><td>< ±15</td></tr>
<tr><td>室外</td><td>< ±15</td></tr>
<tr><td>埋地</td><td></td><td>< ±20</td></tr>
<tr><td colspan="2" rowspan="2">水平管道弯曲度</td><td>DN ≤ 100</td><td>1/1000 且≤ 20</td></tr>
<tr><td>DN > 100</td><td>1.5/1000 且≤ 20</td></tr>
<tr><td colspan="2">立管铅垂度</td><td colspan="2">2/1000 且≤ 15</td></tr>
<tr><td colspan="2">交叉管间距偏差</td><td colspan="2">< ±10</td></tr>
</table>
12. 支吊架安装应与管道安装同步进行。
13. 支吊架吊杆不应穿越电缆桥架。
14. 管道开孔宜在管道安装前完成，开孔后应将内部清理干净，不得遗留钻屑或其他杂物。孔径小于 ϕ30mm 时，应采用机械开孔。
15. 管道加压试验合格。
二、高压管道
管道的安装应符合下列规定：
1. 对口时，管组件上有接管座或孔、卡块的，要保证其方向、位置符合图纸要求。
2. 厚壁大口径管对口时，管道对口符合要求后，尽可能采用同质填加物点固在坡口内。无同质填加物则应在填加物与母材接触部位堆焊同质焊接材料，堆焊不得少于 2 层。当去除临时填加物时，不应损伤母材，并将其残留焊疤清除干净、打磨修整。
3. 若设计有管道调整段，安装时将两侧的管道调整到图纸要求，以实际测量尺寸下料、对口安装，不得强力对口。
三、中低压管道
施工技术要求如下：
1. 对管内清洁度要求较高并且焊接后不易清理的管道，其焊缝底层必须用氩弧焊施焊。
2. 穿墙、穿楼层的管道，所加套管应符合设计要求。无设计时，套管长度应大于墙厚、层厚，套管宜高出楼面或地面 25~30mm。
3. 管道与套管的空隙应按设计要求填塞。当设计无明确要求时，应采用不燃烧软质材料。
4. 不锈钢管道及管件的储存、搬运、安装不应与铁素体材料直接接触。
5. 焊接钢管的安装应符合下列规定：
（1）管段对口纵向焊缝应相互错开，错开值应大于 100mm，并处于易检的部位。
（2）大于或等于 D_N1000mm 的管道，应采取双面焊接并清根。
</td></tr>
</table>

续表

<table>
<tr><th>序号</th><th>项目</th><th>内容</th><th>等级</th><th>要求</th></tr>
<tr><td>1</td><td>管道、阀门及法兰</td><td>管道、管件及管道附件安装检查</td><td>重要</td><td>
（3）钢管加固环的位置和焊接方式应符合设计要求，加固环对接焊缝应与管道纵向焊缝错开，错开值应大于 100mm。
（4）对管道焊缝进行 X 光探伤，探伤比例及合格率应满足 DL/T 869—2012《火力发电厂焊接技术规程》的要求。
支吊架：
1. 管道施工技术要求：
（1）支吊架预埋件表面应清理干净。
（2）管道的固定支架应符合设计图纸要求。无补偿装置的热管道直管段上不得同时安置两个及两个以上的固定支架。
（3）数条平行管道的敷设，托架可以共用，但吊杆不得吊装位移方向相反或位移值不等的任何两条管道。
（4）管道安装使用临时支吊架时，应有明显标记，并不得与正式支吊架位置冲突。在管道安装及水压试验完毕后应予拆除。
（5）导向支架和滑动支架的滑动面应洁净、平整，聚四氟乙烯板等活动件与支承件应接触良好，管道应能自由膨胀。
（6）所有活动支架的活动部分均应外露。
（7）管道安装时，应及时进行支吊架的固定和调整。支吊架位置应正确，安装应平整、牢固，并与管道接触良好。
（8）支吊架应在管道系统安装、严密性试验结束后进行调整。
（9）支吊架调整后，螺杆应露出连接件 2~3 个螺距以上。锁紧螺母应锁紧。
（10）支吊架间距应符合设计要求。设计无要求时，可按表 3-12 中的规定执行。
表 3-12　　支吊架间距参考值
<table>
<tr><th rowspan="2">管道外径（mm）</th><th colspan="2">最大间距（m）</th></tr>
<tr><th>保温</th><th>不保温</th></tr>
<tr><td>25</td><td>1.1~1.5</td><td>2.6</td></tr>
<tr><td>32</td><td>1.3~1.6</td><td>3.0</td></tr>
<tr><td>38</td><td>1.4~1.8</td><td>3.4</td></tr>
<tr><td>45</td><td>1.6~2.0</td><td>3.7</td></tr>
<tr><td>57</td><td>1.8~2.5</td><td>4.2</td></tr>
<tr><td>76</td><td>2.2~2.8</td><td>4.9</td></tr>
</table>
2. 机组施工技术规定：
（1）油管不宜采用法兰接口并应尽量减少焊口，管道焊接前应经检查以确保油管内部清洁。
（2）DN50 及以下油管应采用氩弧焊接，所有油管应采用氩弧打底。
（3）进油管向油泵侧应有 1/1000 的坡度，回油管向油箱侧的坡度不应小于 5/1000。
（4）油管接头不得承受管道、阀门的荷重。
（5）油系统管道安装时，油管敞口应采取封闭措施。
（6）调相机需隔绝轴电流的各部位与油管连接时，应加装绝缘件，组装前应检查绝缘件完好无损，并应安装正确。为便于测量绝缘，可装设双道绝缘法兰。
（7）采用不锈钢材质的油管，管壁与铁素体支吊架接触的地方应采用不锈钢垫片或非金属垫片隔离。
</td></tr>
</table>

续表

序号	项目	内容	等级	要求
1	管道、阀门及法兰	管道、管件及管道附件安装检查	重要	（8）用活接头连接的油管应符合下列规定： 1）活接头不得使用焊接的锁母接头。 2）球形锁母接头须涂色检查，接触应严密。 3）平口锁母接头应加装经过退火的紫铜垫，厚度宜为 1.0mm。 4）管道接头应呈自由状态，连接后锁母应有富余螺纹。 （9）伸缩节的安装方向应正确。 3. 机组顶轴油管的安装除满足上述条件应符合下列要求： （1）油泵进出口与油管应连接正确。 （2）安装前管道、接头和轴瓦孔道均应吹扫干净。 （3）管道接头宜采用套管焊接。 （4）连接到轴承箱的顶轴油管应有膨胀补偿，阀门应严密不漏。 （5）顶轴油泵的安装位置应使油泵入口保持一定压力，入口应加滤网。 （6）顶轴油泵体上部的溢油口应直接接至回油容器。 （7）顶轴油管与调相机后轴承座连接时应绝缘，应用 1000V 绝缘电阻表测量，绝缘电阻不小于 0.5MΩ，绝缘接头应有足够的强度
1	管道、阀门及法兰	油箱事故放油系统安装	重要	1. 检查预埋管道，确保管子中心及标高偏差不大于 10mm。 2. 管道安装“非套装油管安装”规定。 （1）图纸会审确保系统完整正确，无漏项错接，电气、热工测点提前开孔。 （2）管子、管件清点领用，检查制造厂提供的管子、管件材质、规格等符合要求，现场配制管子、管件符合设计。 （3）基础尺寸与管道设计相符。 （4）按图纸要求校核系统管道与其他设备、系统管道的接口位置是否正确。 （5）按设计图纸进行下料，组合焊接。 （6）油管连接无强制对口，无死头或中间弓起，不窝存空气。 （7）油管与基础、设备、管道或其他设施要留有膨胀间距，保证运行时不妨碍调相机和油管自身的热膨胀。 （8）管道焊接完毕后，立即清除焊渣、焊瘤、药皮、飞溅物和氧化皮等杂物。 （9）管道支架安装牢固可靠，布置合理，管道重量不由管接头和设备承受。 （10）油管法兰连接无偏斜，不得强力对口，法兰螺栓必须对称的均匀紧固。 （11）当日施工结束要对管道开口部位加塑料或金属罩帽，以防止杂物进入。 3. 阀门安装时，所有阀门均采用明杆式，有明确的开关方向；所有阀门均采取防止误操作措施；所有法兰连接处均采用跨接铜片，防止静电
1	管道、阀门及法兰	阀门安装检查（自行删减）	重要	1. 油管道阀门的检查与安装应符合下列规定： （1）阀门应为钢质明杆阀门，不得采用反向阀门且开关方向有明确标识。 （2）阀门门杆应水平或向下布置。 （3）事故放油管应设两道手动阀门。事故放油门与油箱的距离应大于 5m，并应有两个以上通道。事故放油门手轮应设玻璃保护罩且有明显标识，不得上锁。 （4）减压阀、溢油阀、过压阀、止回阀等特殊阀门，应按制造厂技术文件要求，检查其各部间隙、行程、尺寸并记录，阀门应做严密性检查。 （5）阀门盘根宜采用聚四氟乙烯碗形密封垫。

续表

<table>
<tr><th>序号</th><th>项目</th><th>内容</th><th>等级</th><th>要求</th></tr>
<tr><td rowspan="2">1</td><td rowspan="2">管道、阀门及法兰</td><td>阀门安装检查</td><td>重要</td><td>2. 管道电力建设施工技术规定：
（1）阀门安装前应清理干净，法兰或螺纹连接的阀门应在关闭状态下安装，焊接阀门可保持微开状态。安装和搬运阀门时，不得以手轮作为起吊点，且不得随意转动手轮。
（2）阀门应按图纸设计的型号、介质流向，根据阀壳上流向标识正确安装。当阀壳上无流向标识时，应根据厂家图纸标定的阀门结构、工作原理分析确定。一般要求如下：
1）截止阀和止回阀：介质应由阀瓣下方向上流动。
2）单座式节流阀：介质由阀瓣下方向上流动。
3）双座式节流阀：以关闭状态下能看见阀芯的一侧为介质的入口。
（3）阀门连接应自然，不得强力对接或承受外加应力，法兰紧固应均匀。
（4）阀门传动装置安装应符合下列规定：
1）万向接头转动应灵活。
2）传动杆与阀杆轴线的夹角不宜大于 30°。
（5）阀门安装除有特殊规定外，手轮及执行机构不宜朝下，以便于操作及检修。
（6）对焊阀门与管道连接应在相邻焊口热处理后进行，焊缝底层应采用氩弧焊。焊接时阀门不宜关闭。
（7）阀门自密封结构，在管道通入介质时，应进行过程检查和复紧。
3. 润滑油系统技术条件：溢流阀的调节螺母必须用保险栓螺母锁紧</td></tr>
<tr><td>法兰安装检查</td><td>重要</td><td>1. 机组建设施工规定：
（1）油管道的法兰应采用凹凸法兰，结合面应使用质密耐油并耐热的垫料。垫片应清洁、平整、无折痕，其内径应比法兰内径大 2~3mm，外径应接近法兰结合面外缘尺寸。
（2）油管法兰连接不得强力对口，法兰螺栓应对称均匀紧固。
2. 管道建设施工规定：
（1）法兰安装前，应对法兰密封面及密封垫片进行外观检查，不得有影响密封性能的缺陷。
（2）法兰连接时应保持法兰间的平行，其偏差应小于法兰外径的 1.5‰，并小于 2mm，不得用强紧螺栓的方法消除歪斜。
（3）法兰平面应与管道轴线垂直，平焊法兰内、外侧均需焊接，焊后应清除氧化物等杂质。
（4）法兰所用垫片的内径应比法兰内径大 2~3mm，垫片宜为整圆。
（5）当大口径垫片需要拼接时，应采用斜口搭接或迷宫式嵌接，不得平口对接。
（6）法兰连接除特殊情况外，应使用同一规格螺栓，安装方向应一致。连接螺栓应对称紧固且紧度一致。有力矩要求的法兰螺栓力矩误差应小于 10%。
（7）阀门与法兰的连接螺栓，末端应露出螺母，露出长度以 2~3 个螺距为宜，且长度一致，螺母宜位于法兰的同一侧并便于拆卸。
（8）合金钢螺栓不得用火焰加热进行热紧。
（9）连接用紧固件的材质、规格、型式等应符合设计要求。
（10）法兰焊接时，应取出垫片，焊接结束冷却后方可加装垫片。
（11）大于 D_N1000mm 的法兰，应配对后一并加工，并作原始标记</td></tr>
</table>

续表

序号	项目	内容	等级	要求
1	管道、阀门及法兰	油箱	重要	安装步骤： （1）吊起主油箱，将油箱在基础的相应位置上放好。 （2）油箱就位安装后，基础支架按图纸就位找正，保证水平纵横中心线偏差≤ 10mm。 （3）找正合格后，进行地脚螺栓孔的浇灌工作，待地脚螺栓强度达到要求后，用地脚螺栓将油箱固定到基础上。 （4）检查油位计安装牢固，垂直指示准确。 （5）梯子步道、平台栏杆整齐、美观、平整，符合工艺要求。 1. 润滑油系统技术条件应满足： （1）油箱内应装有两只可更换使用的滤网，其两侧油位不应超过规定值，否则应清洗油箱内的滤网。 （2）为去除油中固体颗粒必须设置主轴承油返回到油箱的滤油器，此滤油器的滤网孔不应超过 32 孔 /cm^2。 （3）油箱设计应保证油面离油箱顶板有足够空间，以保证排出油烟。 （4）油箱应配备油净化装置接口，供油吸入口位置应尽可能靠近油箱底部，供油和回油接口应合理布置，以使油箱最低运行油位以下不可能产生虹吸。 （5）油箱及其连接和管道必须密封。 （6）油箱里的油泵的入口应始终全部浸入，但油泵入口至油箱底部不少于 150mm，注油器入口应比最低运行油位低 100mm 以下。 （7）油箱应有足够的刚度，以防止变形和振动，油箱四周和底部螺钉孔不应穿透油箱壁面。 （8）为分离出水分及杂质，油箱底部应倾斜或为圆弧形。应提供人孔，以便进行整个油箱内部的检查和清理。 （9）油箱内电加热器入口应比最低油位低 100mm。 （10）油箱最低处应安装口径大的排油阀。 （11）所有回游管道应在高于运行油位，远离油泵吸油口的地方进入油箱，以避免在泵的入口处形成涡流。 2. 机组建设施工应满足： （1）油箱就位安装时，纵横中心线和标高的允许偏差为 10mm，油箱上安装立式油泵的平面应保持水平。 （2）油箱油位计的安装应符合下列要求： 1）浮筒应浸油检查不漏。 2）指示杆应无弯曲，组装在浮筒上应牢固、垂直。 3）油位计必须安装牢固、垂直，浮筒及标示杆上下动作应平稳、灵活。 4）装设在油箱外的油位计，其连接管及法兰口的通径不得小于设计尺寸，连接管不得形成空气囊。小油箱的顶面必须安装到与油箱盖齐平。 5）油位计指示刻度的范围和“正常”“最高”“最低”油位标志都应符合制造厂规定。 （3）油箱事故排油管应接至设计规定的事故排油坑，系统注油前应安装完毕并确认畅通
		排烟风机	重要	排烟机的安装应符合下列要求： 1. 机壳应无碰伤、漏焊等缺陷，卧式排烟机机壳的泄油孔应畅通。 2. 叶片应完好，方位应正确，与外壳应无摩擦且转动平稳。 3. 入口管上应装有油烟分离器。 4. 排烟机的出口管口应单独引至厂房外，并应设气体取样旋塞及疏油管。 5. 排烟机支架应平稳牢固，沿气流的反方向应有 5/1000 的坡度

续表

序号	项目	内容	等级	要求
1	管道、阀门及法兰	冷油器	重要	1. 润滑油系统技术条件应满足：冷油器油侧上必须设置排气接口以便能除去空气。 2. 机组建设施工应满足：冷油器的水侧、油侧、管道及管板清理干净，不得留有铸砂、焊渣、油漆膜、锈污等杂物、与外壳的间隙应符合制造厂要求，油的流向正确
		过滤器	重要	润滑油系统技术条件应满足： 1. 滤油器前后必须设置压差指示仪表，以便随时监视滤网的阻塞程度。 2. 滤油器的滤芯材料应是耐腐蚀材料
		油泵	重要	1. 交、直流润滑油泵解体检查安装（根据设备厂家及业主意见决定设备是否需要解体检查）： （1）泵壳及叶轮无铸砂、气孔、裂纹、油漆，各油道油孔位置正确、畅通。 （2）泵壳排气孔畅通。 （3）泵体结合面平整，光洁，无毛刺，辐向沟槽。 （4）网清洁无破损，安装牢固。 （5）轴承完好，无锈蚀，裂纹，转动灵活。 （6）泵组装后盘转子均匀转动，无摩擦声。 （7）泵组螺栓均加装锁紧垫圈。 2. 顶轴油泵安装： （1）联轴器外罩牢固工艺美观，维修方便。 （2）泵底座纵横向均水平。 3. 输送泵： （1）清理基础表面杂物，按图纸基础画线。 （2）布置垫铁，地脚螺栓。 （3）泵体无铸砂、裂纹，清洁干净。 （4）联轴器找中心圆周偏差，不大于 0.10mm；端面偏差，不大于 0.06mm。 （5）二次浇灌前，基础表面要求清洁、无尘土、杂物、油污，将表面用水浸湿，浇灌时灌浆要求密实。 （6）密封环处的轴向间隙应大于泵的轴向窜动量并不得小于 0.50mm
2	油净化装置	油净化装置	重要	1. 安装要求： （1）按设计图纸就位找正，纵横中心线不大于 10mm，标高偏差 ±10mm。 （2）阀门管路安装解体检查、清理。 （3）滤室的滤网、滤芯齐全完好，清洁无破损，室内清理干净。 （4）进油控制阀、精滤罐完好无破损，清理干净。 （5）油位计、水位计更换密封垫料，防泄漏处理。 2. 润滑油系统技术条件应满足： 油净化装置的安装高度必须比主油箱低。 3. 机组施工质量应满足： （1）装置检查：完好，无伤痕，组件齐全。 （2）基础标高偏差：±10mm。 （3）纵横中心线偏差：≤ 10mm。 （4）设备水平：水泡居中

3.4.3 调试监督

序号	项目	内容	等级	要求
1	试验前准备	具备的条件和准备工作	重要	1. 调相机润滑油系统及设备管道安装完毕，有关表计齐全，显示正确。 2. 调相机润滑油系统中测量及控制设备按要求安装到位，且校验合格。 3. 调相机润滑油系统手动门、溢油阀、切换阀等安装到位，校验动作灵活、可靠。 4. 油管道（包括顶轴油管道）油冲洗经验收合格，油质方面的要求符合国家标准。油系统油质应按规程要求定期进行化验，油质劣化及时处理，油质和清洁度超标的情况下，严禁设备启动。 5. 系统油冲洗前，将临时滤网安装在轴承进油管，油质达到要求，将滤网取下。 6. 系统中压力表、油位计、温度表能投入使用。油位计、油压表、油温表及相关的信号装置，必须按规程要求装齐全、指示正确。 7. 润滑油系统油箱已加好符合要求的油，油箱油位正常。 8. 润滑油系统交流润滑油泵、直流事故油泵、排烟风机单体试转合格、转向正确。 9. 系统冷油器具备投运条件，外冷水系统具备投用条件。 10. 润滑油系统 TSI 检测装置调试完毕，能正常工作。 11. 系统试转区域场地平整、道路畅通、沟道及孔洞盖板齐全，厂区内排水畅通。 12. 润滑油系统阀门、压力表应临时挂牌，标识齐全，以便操作。 13. 润滑油试转区域安全防护、消防、照明到位。现场通信畅通。 14. CRT 能准确显示系统中有关数据，SOE 处于正常工作状态。 15. 系统控制回路调试完毕，热工信号正确和联锁保护接线已校对可投用。 16. 润滑油系统、顶轴油系统的监测设备、仪表和联锁保护装置等安装完毕，经静态试验合格
2	设备试验	管道压力试验	重要	1. 管道及系统建设施工应满足： （1）管道系统严密性试验前应具备以下条件： 1）管道及系统安装完毕，符合有关规定及设计要求。 2）试验用压力表应经检验，校准合格。 3）承压管道系统膨胀装置完善，指示正确，管道补偿器应按照要求临时锁紧。 4）弹性支吊架应用固定销或其他方式锁定。 5）参与水压试验的临时管道和管件应满足压力试验强度要求。 （2）高压管道系统试验前应具备下列项目文件： 1）经审批的水压试验方案。 2）制造厂的管道、管件合格证明书。 3）合金材料的光谱、硬度复查报告。 4）阀门试验记录。 5）焊接检验及热处理记录。 6）设计修改及材料代用记录。 7）施工记录。 （3）管道试验系统应与试验范围以外的管道、设备、仪器等隔离。 （4）管道系统试验过程中，如有渗漏，应降压消除缺陷后再进行试验，不得带压处理。 （5）严密性试验以水压试验为主。 （6）严密性试验采用水压试验时，水质应符合规定，充水时应保证将系统空气排尽，试验压力应符合设计图纸要求，如设计无规定，试验压力宜为设计压力的 1.25 倍，但不得大于任何非隔离元件如系统内容器、阀门或泵的最大允许试验压力，且不得小于 0.2MPa。

续表

序号	项目	内容	等级	要求
2	设备试验	管道压力试验	重要	（7）管道与容器作为一个系统进行水压试验时，应符合下列规定： 1）管道试验压力小于等于容器试验压力时，管道可以与容器一起按管道的试验压力进行试验。 2）管道试验压力超过容器试验压力时，且管道与容器无法隔断时，管道和容器一起按照容器的试验压力试验。 （8）管道系统水压试验时，应缓慢升压，达到试验压力后应保持 10min，然后将至工作压力，对系统进行全面检查，无压降、无渗漏为合格。 （9）试验结束后，应排尽系统内全部存水。 2. 水处理及制氢设备和系统施工技术应满足： 衬胶、衬塑、玻璃钢、塑料及其他非金属材料的管道，严密性试验的压力为其额定工作压力。不同额定工作压力的设备、管道安装在同一系统中，宜按系统中额定工作压力最低的设备或管道的额定工作压力做系统严密性试验。当工作压力未明确时，可将动力设备扬程折算为工作压力
		阀门严密性试验	重要	1. 试验时，应关闭阀门，介质由通路一端引入，在另一端检查其严密性。 2. 如果是闸阀，则两端均应分别作上述实验，这样只需做一次试验。阀体及阀杆的接合面以及填料部分的严密性试验，应在关闭件开启、通路封闭的情况下进行。 3. 阀门进行严密性水压试验的方法和要求应符合制造厂的规定。制造厂无规定时，严密性试验压力为设计压力的 1.25 倍，并至少是阀门在 20℃时最大允许工作压力的 1.1 倍；如阀门铭牌标示最大工作压差或阀门配带的操作机构不适宜进行上述密封试验时，试验压力应为阀门铭牌标示的最大工作压差的 1.1 倍。截止阀试验，水应从阀瓣的上方引入；闸阀试验，应将阀门关闭，对各密封面进行检查。 （1）高压阀门及输送易燃、易爆、有毒、有害等特殊介质的阀门应做 100% 严密性试验。 （2）中、低压阀门应从每批（同制造厂、同规格、同型号）中按不少于 10%（至少一个）的比例进行严密性试验，若发现不合格，再抽查 20%，如仍有不合格，则此批次阀门不得使用。 （3）安全阀及大于等于 D_N600mm 的大口径阀门，可采用渗油或渗水方法代替水压严密性试验。 （4）阀门进行严密性试验前，必须将接合面上的油脂等涂料清理干净，并应检查阀盖与阀杆之间的密封填料，如不符合要求，应予以更换。 （5）阀门严密性试验合格后，应将体腔内积水排除干净，作出明显标识，端口临时封堵严密，分类妥善存放
		油箱灌水试验及封闭检查	重要	1. 焊缝密封检查：油箱焊接后喷砂前，在外侧刷上一层白颜色的试漏涂料，干燥后在内侧用毛刷刷煤油，如果焊口有缺陷会在外侧有阴湿了的痕迹，也可以进行超声探伤。 2. 整体密封检查：将所有接口堵住密封，留一个带接头的接上一截透明软管高过油箱，灌满水从其他口通一点压缩空气使软管内水柱上升超过油箱位置时记下高度，静置一段时间观察水柱位置。 3. 润滑油系统技术条件应满足： （1）油箱应作灌水试验经 24h 无渗漏。 （2）试验前，除与管道或设备连接的法兰允许加临时堵板外，其他开孔都应装好插座等附件和正式堵板，并加好垫料及涂料，灌水 （3）试验后箱内应擦干并作临时防腐后封闭

续表

序号	项目	内容	等级	要求
2	设备试验	冷油器严密性试验	重要	1. 关闭油侧进出油门，打开油侧下部放油阀。 2. 关闭水侧出水门，全开水侧进水门。 3. 打开水侧放空气阀排空气，排完空气将其关闭。 4. 8h 后观察油侧下部放油阀有无水流出，没有则严密性合格，可投运、备用。 5. 机组施工质量应满足： （1）试验水质清洁无杂质。 （2）对于带有膨胀补偿器的冷油器应已采取加固措施。 （3）试验压力：厂家铭牌试验压力或 1.5 倍工作压力。 （4）稳压时间：5min。 （5）严密性检查：应无泄漏
		油箱油位检查	重要	调整试运质量应通过如下检验： 1. 检查油位计浮筒及指示杆动作平稳，无卡涩现象。 2. 经过试验确认“主油箱油位高”报警及“主油箱油位低”报警信号能正常发出
		连续运行试验	重要	1. 系统无渗漏。 2. 运行参数正常，无任何报警。 3. 油泵及电机振动正常，无异响
		热工测点传感器	重要	1. 总体要求： （1）传感器量程应符合实际需求。 （2）传感器表面清洁、电缆接头密封良好。 （3）传感器的装设位置和安装工艺应便于维护。 2. 温度传感器： （1）润滑油进油管、出油管应设置温度传感器。 （2）同一测点的温度测量值相互比对差异不应超过 1° 。 3. 液位传感器： （1）至少配置三台液位变送器和一台直读式液位计。 （2）每个测点的液位测量值相互比对差异值不应超液位计的量程的 10%。 （3）装设位置应便于维护，满足故障后不停运直流而进行检修及更换的要求。 4. 压力传感器：A、B 系统对同一测点的压力测量值相互比对差异不应超过 5%
3	单体试运	交流润滑油泵	重要	1. 手盘交流润滑油泵转子，确认转动正常，动静部分无金属摩擦声。 2. 投入交流润滑油泵动力电源和控制电源，动力电源开关处于工作位置。 3. 记录起始参数，如油箱油位、油泵出口压力、润滑油温度、环境温度、油泵及其电机轴承振动、电机表面温度、转速、电压和电流。 4. 点动交流滑油泵，确认泵组转向正确，无异常声音。 5. 重新启动主润滑油泵，记录启动电流及电流回落时间。 6. 监视油箱油位，确保油箱油位至正常值；检查油系统管路无泄漏。 7. 确认交流润滑油泵各轴承振动、温度及其他参数正常，设备无异常声响，系统管道无泄漏。 8. 保持交流润滑油泵连续运行 4h 以上，设备运行期间，应注意监视泵的运行状况，并定时记录有关运行参数（同 3. 所列项目）。 9. 运行时油温不得高于 70℃，根据情况及时投入冷油器。 10. 同上过程连续试运交流润滑油泵 B 4h 以上。 11. 试运结束后，应通知有关人员，切断所有控制油泵电机的控制电源和动力电源。

续表

序号	项目	内容	等级	要求
3	单体试运	交流润滑油泵	重要	验收要求： 1. 润滑油泵应无锈蚀、无渗漏，油脂工作正常。 2. 润滑油泵应具有故障切换、保护切换、定时切换、手动切换、远程切换、润滑油泵计时复归功能。 3. 泵体结合面平整，光洁，无毛刺，辐向沟槽。 4. 泵组螺栓均加装锁紧垫圈。 5. 油泵联轴器外罩牢固、工艺美观，维修方便。 6. 泵体及周围无杂物、无油污，环境干净整洁。 7. 泵体及管道排污引入专门的排污收集池，满足正常运行要求。 8. 油泵电动机功率应能满足泵全曲线功率要求。 9. 油泵及其电机经考核各项参数正常，符合运行要求
		直流润滑油泵	重要	直流润滑油泵、油净化泵和油输送泵等试运行类似进行
		顶轴油泵	重要	1. 交流润滑油泵已启动，且润滑油压力不低于 0.021MPa，油温控制在 35~65℃之间。 2. 顶轴油压力调整参见顶轴油系统图。 3. 相关热工信号检查正确。 4. 启动顶轴油泵电动机，检验其转动是否正常及装置运行中有无杂声及泄漏等情况。正常情况下交流顶轴油泵一台投用，一台泵备用，直流顶轴油泵备用当交流电源失去时投用。 5. 调整顶轴油母管调速阀和溢油阀，使泵出口压力升至 16MPa，并将溢油阀动作压力整定为 16MPa。 6. 调节调速阀开度，将其压力降至 10~12MPa。 7. 顶起转子前用千分表分别测量并记录各轴颈顶部的位置，使每个轴径顶起高度在 0.05~0.08mm 内，并对各顶起油压、轴颈的顶起高度作记录，各轴颈顶起高度调整完毕。 8. 同样的方法来调整另两台顶轴油泵，使抬轴高度一致
		冷油器	重要	1. 冷油器水侧、油侧放空排气管道布置合理，能够有效排尽系统空气。 2. 冷油器的水侧、油侧、管道清理干净，不得留有铸砂、焊渣、油漆膜、锈污等杂物，与外壳的间隙应符合制造厂要求，油的流向正确。 3. 冷油器温控调节阀工作正常，能满足自动调节功能。 4. 冷油器能实现在线切换，满足切换时对系统无扰动。 5. 冷油器工作正常，能够有效调控润滑油温度。 6. 冷油器附属压力、温度等测点工作正常。 7. 冷油器水侧、油侧均无任何泄漏，保证油侧和水侧完全隔离
		过滤器	重要	机组施工技术。滤油器的检查与安装应符合下列要求： （1）滤油器内部应无短路现象。 （2）滤网的保护板应完好，孔眼应应无毛刺和堵塞。 （3）带清扫刮片的滤油器，滤片芯子应能灵活转动（可放入单体试运）。 （4）滤油器切换阀的阀蝶应严密，阀杆不漏油，切换位置应在外部有明显标识。 （5）滤油器顶部应安装排气管，并加装倒 U 形弯

续表

序号	项目	内容	等级	要求
3	单体试运	排烟风机	重要	1. 打开油烟分离器进口 / 出口阀。 2. 打开将被测试的油烟分离器风机的进口阀。 3. 需要有一定人员在各区域待命以监测运行状态。 4. 确认风机已做好启动准备后，然后合上风机的主断路器。 5. 运行起动风机，同时确认转动方向正确。（运行风机 2s，然后迅速关闭。）当发生任何异常，如异常噪声，马上关闭风机同时采取改正措施。 6. 如果确认没有任何异常，重启风机作连续运行检查。 7. 关闭将要运行的抽油烟风机进口阀，调整润滑油箱内部压力约为 -2.0kPa。 8. 在连续运行测试时记录以下数据：启 / 停时间、吸入口 / 排出口压力、电机运行电流、电机 / 风机壳体、轴承座等的温度、每个轴承座处的三个方向上的振动、转速、环境温度和流体温度。 9. 运行风机 1~2h，在温度稳定后（温度每 15min 上升 1℃以内）停风机并测量惰走时间。 验收要求： 1. 机壳应无碰伤、漏焊等缺陷，卧式排烟机机壳的泄油孔应畅通。 2. 叶片应完好，方位应正确，与外壳应无摩擦且转动平稳。 3. 应装有油烟分离器。 4. 排烟机的出口管口应单独引至厂房外，并应设气体取样旋塞及疏油管。 5. 风机电机经试转满足要求，各项参数正常。 6. 排烟风机经试转满足运行要求，各项参数正常。 7. 排烟风机联锁保护试验动作正常，可以满足自动切换功能
		油箱	重要	1. 油箱事故排油管应接至设计规定的事故排油坑，安装完毕并确认畅通。 2. 油箱消防措施到位，能有效防止火灾发生，发生火灾时能有效控制火势。 3. 油箱及其连接和管道密封可靠。 4. 油箱本体及周围环境干净整洁，无杂物，无油污，外观美观。 5. 为分离出水分及杂质，油箱底部应倾斜或为圆弧形。应提供人孔，以便进行整个油箱内部的检查和清理。 6. 油箱严格按照设计图纸施工，符合标准规定。 7. 油箱已加注合格的润滑油，经循环后化验油质合格，并有权威机构检验的油质合格报告。 8. 油箱按照设计规定留有人孔，能够满足正常检修
		电动压力调节阀	重要	1. 通电前，先试用手轮操作电动门，确保电动门的手 / 自动切换正常，并将阀门手动至中间位置，防止通电后的阀门控制方向相反以确保阀门的安全。 2. 回路通电后，应先试操作电动门的开、关动作，确保开关动作方向与实际电动门的动作一致。一旦方向相反，可改变三相接线、机械无异常现象。确认阀门关闭方向，顺时针关阀或逆时针关阀。 3. 将阀门手动摇至全开位置，整定开行程开关、力矩开关。 4. 将阀门手动摇至全关位置，整定关行程开关、力矩开关。 5. 开：重复整定到全开位置，检查开行程动作正常，检查开指示灯动作正确及送至 DCS 开接点动作正确。 6. 关：重复整定到全关位置，检查关行程动作正常，检查关指示灯动作正确及送至 DCS 关接点动作正确。 7. 就地—远操手柄切换到远操，由远操命令进行操作，并确认 CRT 上指示正确。 8. 测定阀门全开、全关时间

续表

<table>
<tr><th>序号</th><th>项目</th><th>内容</th><th>等级</th><th>要求</th></tr>
<tr><td rowspan="2">4</td><td rowspan="2">系统调试及整定</td><td>系统投运前的检查与准备</td><td>重要</td><td>1. 关闭系统中所有放油阀，投用系统中各类表计。
2. 确认泵组轴承已加入合格润滑油，泵及有关电动阀电机绝缘合格，电源已送上。
3. 主油箱加入合格的润滑油，油位稍高于正常油位。
4. 检查确认系统联锁保护合格，有关保护、报警已投入。
5. 冷却水系统已投运。
6. 送上主油箱电加热器电源，并根据油温投入电加热器自动</td></tr>
<tr><td>系统投运</td><td>重要</td><td>1. 若主油箱油温低于 10℃，投用油箱电加热器提高油温；在机组启动之前（复位后）润滑油温应高于 25℃，否则应投用油箱电加热器提高油温，当油温高于 35℃时停电加热器。
2. 为了确保设备运行故障时润滑油供应的可用性，在调相机启动和停止前，尤其在油系统或油泵工作之后，应着重检查下列内容：
（1）校验所有泵的回路控制。
（2）校验泵的实际运行试验是否达到要求压力下的油流量。
3. 正常运行期间通过一台交流润滑油泵向轴承供油。一旦运行中的润滑油泵故障则由备用润滑油泵供油。作为进一步的安全措施，一旦所有的其他油泵故障，则由直流润滑油泵供油。由于直流润滑油泵是维持轴承供油的最后的安全机构，在直流油泵或供电电源故障的情况下，机组不该启动。
4. 投入排油烟风机子回路自动，启油箱排油烟风机，确认运行正常，调节排油烟风机出口阀，使主油箱真空在 -1kPa 左右。
5. 投入主润滑油泵子回路自动，启动预选泵。检查运行情况、出口压力及主油箱油位正常；确认润滑油过滤器下游的油压大约在 0.08~0.12MPa 之间。
6. 监视主油箱的油位，若油位低报警则就地手动切换阀门，启动贮油箱油输送泵进行补净油。相反，若油位高则就地手动切换阀门，启动主油箱油输送泵进行油排放、转移至贮油箱。
7. 投入直流润滑油泵子回路自动，确认其就地控制开关于远操位置。
8. 投入顶轴油泵子回路自动，启动预选的顶轴油泵、确认调相机转子已顶起至要求高度；确认运行时油温不得超过 70℃，如果达到这个限制值顶轴油泵必须切断，因为高的温度将导致泵的损坏。
9. 检查润滑油管路、顶轴油管路、各轴承座无漏油、渗油现象，润滑油压力正常。
10. 确认润滑油、顶轴油系统运行正常，油压正常。投入盘车装置子回路自动，确认盘车电磁阀打开，调相机转速逐渐上升。注意监视各轴承温度变化正常。
润滑油系统内部各压力范围如表 3-13 所示。

表 3-13　润滑油系统内部各压力范围
<table><tr><th>项目</th><th>范围</th></tr><tr><td>润滑油泵出口压力</td><td>≥ 0.5MPa</td></tr><tr><td>直流油泵出口压力</td><td>≥ 0.2MPa</td></tr><tr><td>润滑油母管压力</td><td>0.12~0.15MPa</td></tr><tr><td>顶轴油泵出口压力</td><td>10~12MPa</td></tr><tr><td>各轴承顶起油管路的压力</td><td>8.0~14.0MPa</td></tr><tr><td>电动压力调节阀进口油压力</td><td>6~12MPa</td></tr></table></td></tr>
</table>

续表

序号	项目	内容	等级	要求
4	系统调试及整定	系统投运	重要	11. 只要转子转速大于 4r/min 以上，所有油泵的子回路控制必须在“自动”模式，保证直流油泵“自动”联锁投入。 12. 盘车运行期间，液压盘车马达由顶轴油系统来的驱动油驱动，盘车电磁阀在转速到达大于 4r/min 时自动关闭。调相机在启动期间液压盘车马达在润滑油作用下缓慢转动，一般转速为 4r/min。 13. 确认机组具备冲转条件时启动交流润滑油泵供油，机组正常升速。在转速到达大约 620r/min 时顶轴油系统自动停运。 14. 在任何时候都必须确保严格满足技术数据表中的透平油规范，尤其是水的含量。水的含量可能导致在运行时对顶轴油泵的损坏。机组运行一段时间后应进行主油箱油的在线净化，监视油净化装置的工作状况
		系统动态调整	重要	1. 在润滑油系统投入运行过程中，应加强对系统内各设备和参数的监护，发现偏离正常运行情况应及时进行调整，以确保系统处于最佳运行状况。润滑油泵出口压力 0.55 MPa，润滑油母管压力 0.12~0.15MPa。 2. 机组整套启动期间，进行油泵自启动试验
		系统停运	重要	1. 为了确保设备运行故障时润滑油供应的可用性，在调相机启动和停止前，尤其在油系统或油泵工作之后，应着重检查下列内容： （1）校验所有泵的回路控制。 （2）校验泵的实际运行试验是否达到要求压力下的油流量。 2. 与启动情况相反，调相机正常或事故停机时，所有润滑油泵（包括直流油泵），保证润滑油的供给。 3. 调相机转速小于 600r/min 时投顶轴油系统以避免轴承损坏。 4. 只有当最热的转子的平均温度小于 100℃ 并且转子静止后才可以停运顶轴油泵系统。在所有的交流油泵以及直流油泵均失效的极端不利的情况下，顶轴油泵必须立即通过手动投入，防止调相惰走过程中断油。 5. 一般情况下，当高压内下缸内壁温度降到 150℃以下，可停用连续盘车，但在无检修工作时，连续盘车应在高压内下缸内壁温度低于 100℃方可停用。盘车停用后 8h 以上，待调相机完全停用后停用润滑油系统及净油装置
5	联锁保护	交流润滑油泵联锁试验	重要	1. 故障切泵 （1）检查润滑油箱油位 >500mm。 （2）确认交流润滑油泵故障联锁投入。 （3）切除交流润滑油泵 A 电机电源。 （4）交流润滑油泵 B 自启动。 （5）投入润滑油泵 A 电机电源。 （6）打开试验电磁阀进行泄压。 （7）交流润滑 B 出口油压不大于 0.08MPa 时压力开关动作。 （8）交流润滑油泵 A 自启动。 （9）停用交流润滑油泵。 2. 周期切泵： （1）检查润滑油箱油位大于 500mm。 （2）确认交流润滑油泵周期切换联锁投入。 （3）整定周期切泵时间为 5min。 （4）交流润滑油泵 A 请求切至 B 展宽 10s。 （5）交流润滑油泵 B 运行。 （6）停用交流润滑油泵

续表

序号	项目	内容	等级	要求
5	联锁保护	直流润滑油泵联锁试验	重要	1. 确认直流润滑油泵联锁投入。 2. 打开试验电磁阀进行泄压。 3. 油压不大于润滑油的供油压力低低值时压力开关动作。 4. 直流润滑油泵自启动。 5. 关闭试验电磁阀。 6. 停用直流润滑油泵
		主油箱排油烟风机联锁试验	重要	1. 故障切换： （1）润滑油箱排烟风机故障联锁投入。 （2）启动交流润滑油泵。 （3）排烟风机 A 自启动。 （4）切除排烟风机 A 电机电源。 （5）排烟风机 B 自启动。 （6）停用排烟风机 B。 2. 周期切换： （1）确认排烟风机周期切换联锁投入。 （2）整定周期切泵时间为 5min。 （3）排烟风机 A 请求切至 B 展宽 10s。 （4）排烟风机 B 运行。 （5）停用排烟风机 B
		主油箱电加热器联锁试验	重要	1. 确认润滑油箱油温大于 35℃。 2. 确认润滑油箱液位小于 340mm。 3. 润滑油箱电加热器温度高报警，保护关闭润滑油箱电加热器。 4. 调相机主油箱温度大于 35℃，联停；小于 10℃，联启。 5. 单操启、停调相机主油箱加热器
		交流顶轴油泵联锁试验	重要	1. 检查顶轴油交流油泵 A 入口压力正常。 2. 顶轴油交流油泵联锁投入。 3. 确认调相机转速小于 600r/min（5s 脉冲）转速取下降方向。 4. 切除交流顶轴油泵 A 电机电源。 5. 交流顶轴油泵 B 自启动。 6. 投入交流顶轴油泵 A 电机电源。 7. 打开试验电磁阀进行泄压。 8. 交流顶轴油泵 B 出口油压不大于顶轴油母管的压力低信号值时压力开关动作。 9. 交流顶轴油泵 A 自启动。 10. 停用交流顶轴油泵
		直流顶轴油泵联锁试验	重要	1. 确认顶轴油直流油泵联锁投入。 2. 打开试验电磁阀进行泄压。 3. 油压不大于顶轴油泵出口母管压力低低值时压力开关动作。 4. 直流顶轴油泵自启动。 5. 关闭试验电磁阀。 6. 停用直流顶轴油泵

3.5 低速盘车

3.5.1 到场监督

序号	项目	内容	等级	要求
1	本体跟踪	开箱检查	重要	1. 设备到场后，负责项目管理的运检部门应组织制造厂、运输部门、施工单位、运维检修人员共同进行到货验收。 2. 检查外观有无损伤、脱漆、锈蚀情况，做好记录和汇报，并跟踪后续处理情况。 3. 检查设备本体外表和包装箱是否完好、有无磕碰伤。 4. 检查低速盘车实物、各部分组件及资料是否与装箱单相符，产品与技术规范书中厂家、型号、规格一致；抄录本体及附件铭牌参数并拍照片存档，编制设备清册
2	附件跟踪	技术文件	重要	采购技术协议或技术规范书、出厂试验报告、交接试验报告、运输记录、设备监造报告、设备评价报告、设备使用说明书、合格证书、安装使用说明书等资料应齐全，扫描并存档
		备品备件	重要	检查是否有相关备品备件，数量及型号是否与合同相符，做好相应记录
		专用工器具	重要	1. 记录随设备到场的专用工器具，列出专用工器具清单，数量及型号是否与合同相符，检查专用工器具能否正常使用并妥善保管。 2. 如施工单位需借用相关工器具，须履行借用手续

3.5.2 安装监督

序号	项目	内容	等级	要求
1	齿轮箱	齿轮箱安装	重要	机组施工技术应满足： （1）齿轮箱与底板至少应有两个在对角线位置的定位销，定位销与销孔应接触紧密。 （2）齿轮箱水平结合面接触应紧密，在紧固螺栓后，0.05mm 塞尺检查应无间隙。 （3）齿轮箱封闭时，结合面应加耐油密封涂料。如需增加垫片，垫片材质应耐油
2	润滑装置	润滑装置安装	重要	机组施工技术应满足： 润滑装置的喷油管在组装前应进行吹扫，组装须牢固可靠，喷油嘴应正对齿轮啮合部位，各油路和油孔应清洁畅通
3	减速器齿轮	减速器齿轮装置安装	重要	机组施工技术应满足： （1）齿轮外观检查应无裂纹、无气孔、无损伤，齿面应光洁。 （2）互相啮合的齿轮有公约数的应配有钢印标记。 （3）减速器齿侧间隙采用百分表测量时，齿轮副中一个齿轮固定，转动另一个齿轮测量，其间隙宜为齿轮模数的 5%。 （4）涂色检查齿牙啮合接触印迹应平直，宽度应不小于齿高的 65%，长度应不小于齿长的 75%，涂色应均匀。 （5）减速器的变速比应记入安装记录

续表

<table>
<tr><th>序号</th><th>项目</th><th>内容</th><th>等级</th><th>要求</th></tr>
<tr><td>4</td><td>涡轮组</td><td>涡轮组装置安装</td><td>重要</td><td>机组施工技术应满足：
（1）涡杆及涡轮外观检查应无裂纹、无气孔、无损伤，齿面应光洁。
（2）涂色检查涡轮组齿牙的接触情况，轮上每个齿牙工作面的中部应有印迹，印迹长度应不小于齿长的65%，高度不小于齿高的60%，涂色应均匀。
（3）多头蜗杆应分别在每一个头上涂色，逐次检查，各个头在蜗轮齿上的接触位置应一致。
（4）涡轮组的齿侧间隙用百分表或塞尺进行检查，应符合表3-14的要求。
表3-14　　涡轮组齿侧间隙（mm）
<table>
<tr><td>涡轮组中心距</td><td>≤ 40</td><td>40~80</td><td>81~160</td><td>161~320</td><td>321~630</td><td>631~1250</td><td>> 1250</td></tr>
<tr><td>齿侧间隙</td><td>0.06~0.11</td><td>0.09~0.19</td><td>0.13~0.26</td><td>0.19~0.38</td><td>0.26~0.53</td><td>0.38~0.75</td><td>0.53~1.00</td></tr>
</table>
（5）调速装置的涡轮组，窜动值宜为0.15~0.20mm。
（6）涡轮进油侧的每个轮齿应有进油坡口。
（7）同步器电动机带动的涡轮组转动应灵活、平稳，润滑应良好。
（8）涡轮组的变速比应作记录</td></tr>
<tr><td>5</td><td>盘车整体安装</td><td>盘车整体安装</td><td></td><td>机组施工技术应满足：
（1）轴和操作杆穿过外壳处的油封装置应无渗漏。
（2）盘车装置水平和垂直结合面用。0.5mm塞尺检查，应无间隙。
（3）盘车装置手动操作应灵活。
（4）盘车装置内部各螺栓及紧固件应锁紧。
（5）盘车装置应使用耐油的垫片和涂料。
（6）盘车装置的电动机联轴器找中心应符合下列规定：
1）根据设备支座的材料、结构形式和介质温度及制造厂技术文件的要求，联轴器找中心应考虑在常温下预留其运行升温时中心变化的补偿值。
2）联轴器中心调好后应作记录，并在设备二次灌浆和有关设备管道正式连接后复查。
（7）盘车装置电机连轴器应安装保护罩</td></tr>
</table>

3.5.3　调试监督

序号	项目	内容	等级	要求
1	盘车调试	调试前准备及条件	重要	1. 调试前准备： （1）系统管道安装工作结束，符合设计要求，安全设施拆除，现场清洁，系统已按要求进行清洗，符合清洁度要求，无泄漏。 （2）系统各设备安装工作全部结束，具备启动条件。 （3）润滑油系统、顶轴油系统调试完毕，运行可靠。 （4）系统安装正确，阀门操作灵活，各压力表及阀门应有明显标志。 （5）各电气设备标识明确、绝缘合格。各仪表、信号、通信设备良好。消防设施可投入运行。 （6）热控仪表经校验合格，安装完毕，接线工作已完成，各压力开关、压差开关、液位开关整定合格。

续表

序号	项目	内容	等级	要求
1	盘车调试	调试前准备及条件	重要	（7）盘车装置转速传感器能够正确的传送转速信号。 （8）盘车电机试转方向正确。 2. 盘车试运前需要满足的条件： （1）润滑油系统运行正常，润滑油压大于 0.48MPa。 （2）盘车供油电磁阀前后手动门打开，盘车齿轮供油压力大于 0.08 MPa。 （3）顶轴油泵至少一台运行，出口压力大于 12MPa。 （4）仪用空气压力正常。 （5）盘车电机电源正常。 （6）就地手动盘车，进行轴系的机械摩擦检查，用听针确认轴系转动无异常后；机组轴系的抬轴试验必须完成，且顶起高度合格
		自动投运	重要	盘车装置设置有自动投入程序。在停机之后，当监测到机组转速到零的信号之后，盘车装置会自动启动并啮合。当转子的转速到达 0 转速后，现场确认： （1）盘车点动一次。 （2）盘车电机惰走的时候，盘车齿轮与大轴啮合，观察啮合手柄达到啮合位置。 （3）啮合成功后，观察盘车自动启动，电流稳定，机组盘车正常
		半自动投运	重要	当机组惰走到零转速时，盘车装置自动投入有可能啮合失败。一旦出现盘车自动投入失败的情况，应当解除自动，并立即手动啮合投入盘车。手动啮合盘车的步骤如下： （1）确认转子惰走至零。 （2）将盘车电机抽屉开关的控制方式切换至“就地”位置。 （3）按下盘车电机“点动”按钮。 （4）待盘车电机惰走转速变慢的时候,轻轻推入盘车啮合装置的活动把手。 （5）确认盘车啮合装置的活动把手推入到位后，将盘车电机抽屉开关的控制方式切换至“远方”位置。 （6）确认盘车电机自动启动，电机电流正常稳定，盘车啮合稳定
		手动投运	重要	1. 盘车电机出现故障时或者有其他要求，在机组完全冷却下来之前，电动盘车不能连续运行，要实行手动盘车。手动盘车时应该检查以下项目： （1）确定机组转速至零。 （2）检查润滑油压力、密封油油氢压差、顶轴油压正常。 （3）盘车齿轮供油压力大于 0.04MPa。 （4）为防止误动确认交流盘车电机已停电。 2. 手动盘车的步骤： （1）盘车马达开关拉至隔离位置。 （2）用手动盘车装置转动盘车电机，并将盘车啮合杆推至啮合位置。 （3）DCS 上检查已收到啮合信号。 （4）用手动盘车工具进行手动盘车，应每隔 30 min 手动盘车 180°
		盘车运行时检查项目		1. 检查盘车电流正常，电流无波动，转速为 4r/min。 2. 轴系没有摩擦声，监控画面上各轴承振动、回油温度、金属温度在正常范围以内；转子偏心值、转子轴向位移参数正常。 3. 润滑油系统的供油压力、油箱油位、油温正常稳定。 4. 调相机密封油供油压力等参数稳定正常，顶轴油压力稳定正常

续表

序号	项目	内容	等级	要求
1	盘车调试	自动停运	重要	机组启动过程中，盘车装置将按照以下步骤自动脱扣停运： （1）润滑油压力小于0.10MPa，顶轴油压小于4MPa，盘车自动停运。 （2）当啮合信号消失后，啮合用压缩空气供应电磁阀失电关闭，脱扣用压缩空气供应电磁阀带电打开，并向驱动机构气缸的脱扣侧供气，确保啮合齿轮完全脱开。 （3）当脱扣信号接通后，盘车电动机停运，脱扣用压缩空气供应电磁阀失电关闭（当控制油安全油压建立后，该电磁阀将再次打开，确保啮合齿轮处于脱扣位置，机组停运安全油压泄压后，该电磁阀关闭）
		手动停运	重要	手动停运步骤： （1）断开盘车电源。 （2）确认盘车马达停止运行。 （3）确认啮合装置退出。 （4）停止顶轴油系统运行
2	联锁试验	盘车的联锁试验	重要	按照盘车逻辑，现场进行实际验证，确保逻辑的正确性和设备动作的正确性

3.6 空气冷却器

3.6.1 到场监督

序号	项目	内容	等级	要求
1	本体跟踪	开箱检查	重要	1. 设备到场后，负责项目管理的运检部门应组织制造厂、运输部门、施工单位、运维检修人员共同进行到货验收。 2. 核对铭牌参数完整性；核对装箱文件和附件；包装箱材料满足工艺要求，组附件应有良好的防尘措施；法兰应有防止腐蚀、磕碰和杂物进入的保护措施。应采用牢固的包装型式并保证肋片不受碰撞、损坏。 3. 设备开箱完好，应清洁无破损，冷却器框架等应无磕碰、裂纹、破损、油垢、锈蚀。目检冷却器散热翅片是否有损伤、翅片间夹带异物等问题。翅片轻微磕碰不影响使用，微整形即可。发现严重损伤应通知厂家。检查冷却器盖板连接螺栓，确认无漏装以及松动。 4. 检查空气冷却器各部分组件及资料是否与装箱单相符，产品与技术规范书中厂家、型号、规格一致；抄录本体及附件铭牌参数并拍照片存档，编制设备清册
2	附件跟踪	技术文件	重要	采购技术协议或技术规范书、出厂试验报告、交接试验报告、运输记录、设备监造报告、设备评价报告、设备使用说明书、合格证书、安装使用说明书等资料应齐全，扫描并存档
		备品备件	重要	检查是否有相关备品备件，数量及型号是否与合同相符，做好相应记录
		专用工器具	重要	1. 记录随设备到场的专用工器具，列出专用工器具清单，数量及型号是否与合同相符，检查专用工器具能否正常使用并妥善保管。 2. 如施工单位需借用相关工器具，须履行借用手续

3.6.2 安装监督

序号	项目	内容	等级	要求
1	冷却器管道	冷却器管道安装	重要	1. 冷却管内部应畅通，管壁内外应无残留的焊渣和杂物。 2. 水压试验时应将冷却器空气排净。 3. 冷却器管道的胀口如有渗漏可进行补胀，如补胀无效或管道有缺陷时允许堵管，堵管数不得超过该冷却器管道总数的 3%，堵管部位应作出记录
2	风道	风道安装	重要	1. 风道安装应安装牢固，支吊架正确，结合面严密不漏，清理干净，涂浅色油漆两道。 2. 法兰应使用聚四氟乙烯垫片。 3. 冷却器的纵横中心线和标高应符合设计要求，允许偏差为 10mm。 4. 冷却器风室和风道的结合面应加厚度与实际情况相配合的垫料并应严密不漏
3	空气过滤器	空气过滤器安装	重要	1. 调整吊运冷却器的高度，冷却器一端承重在槽钢上后用手动葫芦将冷却器拉进到安装位置（适用于空冷机型）。 2. 依次完成所有冷却器安装，安装密封盖板，要求调相机风道不允许漏风。 3. 配钻空气过滤器安装处预埋角钢（铁）上的安装螺纹孔，安装空气过滤器。 4. 检查所有螺栓紧力符合力矩规范。冷却器安装后，确认散热翅片无损坏。如有损坏，现场应及时联系厂家及时处理
4	进出水管	进出水管安装	重要	1. 安装时应按制造厂要求核对冷却水和工业水的进出口位置，设备的规格、流程数和接口位置应与设计相符。 2. 空气冷却器冷却水进出水管不能接反。 3. 每个空气冷却器的放气管口应单独接出，放气管应设有控制阀门、漏斗排水装置，以便及时排出冷却器内空气及观察冷却器进出水情况。 4. 为了在运行时监测冷却器中水的温度和压力，需在进水、出水管路上装温度计和压力表

4

设备监督作业指导卡

4.1 主机监督作业指导卡

换流站		设备名称	
电压等级		生产厂家	
跟踪日期		设备型号	

4.1.1 到场监督

序号	项目	内容	等级	跟踪情况	跟踪人	跟踪时间
1	定子本体跟踪	开箱检查	重要			
		外观检查	重要			
		定子现场保管	一般			
2	转子本体跟踪	开箱检查	重要			
		外观检查	重要			
		转子现场保管	一般			

续表

序号	项目	内容	等级	跟踪情况	跟踪人	跟踪时间
3	机座及附件跟踪	机座检查	一般			
		机壳检查	一般			
		出线盒检查	一般			
		电流互感器	一般			
		轴承	一般			
		在线监测装置检查	重要			
		集电环及刷架检查	重要			
		盘车装置	重要			
		进出水装置	重要			
		附件现场保管	重要			
		专用工器具检查	一般			
		备品备件检查	一般			
		文件资料检查	一般			

4.1.2 安装监督

序号	项目	内容	等级	要求		
1	调相机本体基础	基础	重要			
		垫铁	重要			
		地脚螺栓和台板	重要			
2	定子安装	安装前检查	重要			
		安装过程监督	重要			
		安装阶段性检查试验	重要			
3	轴承安装	安装前检查	重要			
		安装过程监督	重要			
		安装阶段性检查试验	重要			
4	转子安装	安装前检查	重要			
		安装过程监督	重要			
5	附件安装	调相机端盖安装	重要			
		集电环安装	重要			
		盘车装置安装	重要			
		进出水支座	重要			
		冷却器安装	重要			
		外罩安装	一般			
		提交技术文件	一般			

4.1.3 调试监督

序号	项目内容	等级	跟踪情况	跟踪人	跟踪时间
1	定子绕组绝缘电阻和吸收比或极化指数测量	重要			
2	定子绕组直流电阻测量	重要			
3	定子绕组直流耐压试验和泄漏电流测量	重要			
4	定子绕组交流耐压试验	重要			
5	转子绕组绝缘电阻测量	重要			
6	转子直流电阻测量	重要			
7	转子绕组交流耐压试验	重要			
8	调相机轴承及转子进水支座的绝缘电阻测量	重要			
9	测温元件测量	重要			
10	转子绕组的交流阻抗和功率损耗测量	重要			
11	调相机的励磁回路连同所连接设备的绝缘电阻	重要			
12	调相机的励磁回路连同所连接设备的交流耐压试验	重要			
13	测量轴电压				
14	定子绕组端部动态特性测试				
15	内冷水流量试验（双水内冷机型）				
16	铁芯损耗				
17	定子绕组端部绝缘施加直流电压测量				
18	转子重复脉冲法（RSO）试验				
19	盘车装置电机				

4.1.4 资料核查

序号	设备	内容	等级	收资情况	接收人	供资人联系方式	接收日期
1	同步调相机主机	采购技术协议或技术规范书	重要				
		出厂试验报告	重要				
		交接试验报告	重要				
		运输记录	重要				
		安装时主机检查记录	重要				
		安装质量检验及评定报告	重要				
		设备监造报告	重要				
		设备安装、使用说明书	一般				
		合格证书	一般				

4.2 封母监督作业指导卡

换流站		设备名称	
电压等级		生产厂家	
跟踪日期		设备型号	

4.2.1 到场监督

序号	项目	内容	等级	要求
1	设备进场监督	包装查验	重要	
		外观检查	重要	
		供货清单	一般	
		备品备件及工器具	一般	
		资料检查	一般	
2	现场保管监督	设备及附件现场保管	重要	

4.2.2 安装监督

序号	项目	内容	等级	要求
1	设备安装监督	基础检查	一般	
		钢结构架检查	重要	
		母线	重要	
		设备柜	重要	
		电流互感器	重要	
		电压互感器	重要	
		避雷器	重要	
		操作	重要	
		空气循环干燥装置	重要	
		微正压装置安装	重要	
2	工程交接验收		一般	

4.2.3 调试监督

序号	项目	内容	等级	要求
1	封母	耐压及封闭试验	重要	
2	设备柜	耐压试验	重要	
3	电压互感器	耐压及性能试验	重要	
4	电流互感器	耐压及性能试验	重要	
5	避雷器	绝缘及泄漏电流试验	重要	
6	中性点变压器	绝缘及泄漏电流试验	重要	

4.2.4 资料核查

序号	设备	内容	等级	收资情况	接收人	供资人联系方式	接收日期
1	封闭母线	采购技术协议或技术规范书	重要				
		出厂试验报告	重要				
		交接试验报告	重要				
		运输记录	重要				
		安装时主机检查记录	重要				
		安装质量检验及评定报告	重要				
		设备监造报告	重要				
		设备安装、使用说明书	一般				
		合格证书	一般				

4.3 励磁系统监督作业指导卡

换流站		设备名称	
电压等级		生产厂家	
跟踪日期		设备型号	

4.3.1 到场监督

序号	项目	内容	等级	跟踪情况	跟踪人	跟踪时间
1	屏柜拆箱	屏柜外观检查	一般			
		元器件完整性检查	重要			
		技术资料检查	一般			
2	附件及专用工器具	备品备件	重要			
		专用工器具	重要			

4.3.2 安装监督

序号	项目	内容	等级	跟踪情况	跟踪人	跟踪时间
1	屏柜安装就位	屏柜就位找正	重要			
		屏柜固定	一般			
		屏柜接地	重要			
		屏柜设备检查	一般			
2	端子排	端子排外观检查	一般			
		强、弱电和正、负电源端子排的布置	重要			
		电流、电压回路等特殊回路端子检查	重要			
		端子与导线截面匹配	重要			
		端子排接线检查	一般			
3	二次电缆敷设	电缆截面应合理	重要			
		电缆敷设满足相关要求	重要			
		电缆排列	一般			
		电缆屏蔽与接地	重要			
		电缆芯线布置	一般			
4	二次电缆接线	接线核对及紧固情况	重要			
		电缆绝缘与芯线外观检查	重要			
		电缆芯线编号检查	一般			
		配线检查	一般			
		线束绑扎松紧和形式	一般			
		备用芯的处理	重要			
5	光缆敷设	光缆布局	一般			
		光缆弯曲半径	重要			
6	光纤连接	光纤及槽盒外观检查	一般			
		光纤弯曲度检查	重要			
		光纤连接情况	重要			
		光纤回路编号	一般			
		光纤备用芯检查	一般			
7	屏内接地	主机机箱外壳接地	重要			
		接地铜排	重要			
		接地线	重要			
8	标示	标示安装	一般			
9	防火密封	防火密封	重要			
10	励磁变压器	铁芯检查	重要			
		绕组检查	重要			
		引出线	重要			
		本体附件安装	重要			
11	灭磁开关	相关检查	重要			

4.3.3 调试监督

序号	项目	内容	等级	跟踪情况	跟踪人	跟踪日期
1	温升	温升限值	重要			
2	绝缘耐压试验	绝缘电阻	一般			
		交流耐压	重要			
3	主励磁变压器/启动励磁变压器	绕组的直流电阻测量	重要			
		三相接线组别的极性检查	重要			
		绕组的绝缘电阻、吸收比或（和）极化指数测量	重要			
		铁芯及夹件的绝缘电阻测量	重要			
		绕组的交流耐压试验	重要			
		测温装置及其二次回路试验	重要			
4	灭磁开关	灭磁开关试验	重要			
5	非线性电阻	绝缘电阻	重要			
		压敏电压	重要			
		泄漏电流	重要			
6	功率元件	静态及动态试验	重要			
7	励磁调节及测控装置	装置上电检查	重要			
		直流稳压电源单元试验	重要			
		交流量采样检查	重要			
		开关量输入、输出功能检查	重要			
		操作、保护、限制及信号回路动作试验	重要			
		过励限制试验	重要			
		低励单元试验	重要			
		定子电流限制单元试验	重要			
		U/f 限制单元试验	重要			
		同步信号及移相回路检查试验	重要			
		开环小电流负载试验	重要			
8	启动励磁	启动励磁开关量输入、输出功能检查	重要			
		启动励磁与 SFC 接口试验	重要			
		启动励磁和主励磁切换试验	重要			
9	调相机并网前试验	核相试验与相序检查试验	重要			
		励磁调节器起励试验	重要			
		灭磁试验及转子过电压保护试验	重要			

续表

序号	项目	内容	等级	跟踪情况	跟踪人	跟踪日期
9	调相机并网前试验	自动电压调节通道切换及自动/手动控制方式切换试验	重要			
		冷却风机切换试验	重要			
		电压互感器（TV）二次回路断线试验	重要			
		励磁系统同步电压测试	重要			
		建压惰速特性试验	重要			
		阶跃试验	重要			
		建模试验	重要			
10	调相机并网后试验	励磁系统 TA 极性检查	重要			
		并网后调节通道切换及自动/手动控制方式切换试验				
		电压调差率测定	重要			
		过励限制试验	重要			
		低励限制试验	重要			
		U/*f* 限制试验	重要			
		功率整流装置额定工况下均流检查	重要			
		甩无功负荷试验	重要			
		AVC 调节特性检查	重要			
		阶跃响应试验	重要			

4.3.4 资料核查

序号	设备	内容	等级	收资情况	接收人	供资人联系方式	接收日期
1	励磁系统	技术协议或技术规范书	重要				
		出厂试验报告	重要				
		交接试验报告	重要				
		安装质量检验及评定报告	重要				
		工程、技改竣工图纸	重要				
		设备说明书	重要				
		运输记录	一般				
		设备安装、使用说明书	一般				
		合格证书	一般				

4.4 变频调速系统监督作业指导卡

换流站		设备名称	
电压等级		生产厂家	
跟踪日期		设备型号	

4.4.1 到场监督

序号	项目	内容	等级	跟踪情况	跟踪人	跟踪时间
1	屏柜	屏柜外观检查	一般			
		元器件完整性检查	重要			
		设备检查				
2	平波电抗器	外观检查	一般			
3	隔离变压器	外观检查	一般			
4	附件及专用工器具	备品备件	重要			
		专用工器具	重要			
		相关资料检查	重要			

4.4.2 安装监督

序号	项目	内容	等级	跟踪情况	跟踪人	跟踪时间
1	屏柜安装	屏柜找正	重要			
		屏柜固定	一般			
		屏柜接地	重要			
		屏柜设备检查	一般			
		端子排外观检查	一般			
		强弱电和正负电源端子排的布置	重要			
		电流、电压回路等特殊回路端子检查	重要			
		端子与导线截面匹配	重要			
		端子排接线检查	一般			
		电缆截面应合理	重要			
		电缆敷设满足相关要求	重要			
		电缆排列	一般			

续表

序号	项目	内容	等级	跟踪情况	跟踪人	跟踪时间
1	屏柜安装	电缆屏蔽与接地	重要			
		电缆芯线布置	一般			
		接线核对及紧固情况	重要			
		电缆绝缘与芯线外观检查	重要			
		电缆芯线编号检查	一般			
		配线检查	一般			
		线束绑扎松紧和形式	一般			
		备用芯的处理	重要			
		光缆布局	一般			
		光缆弯曲半径	重要			
		光纤及槽盒外观检查（确认下）	一般			
		光纤弯曲度检查	重要			
		光纤连接情况	重要			
		光纤回路编号	一般			
		光纤备用芯检查	一般			
		主机机箱外壳接地	重要			
		接地铜排	重要			
		接地线检查	重要			
		标示安装	一般			
		防火密封	重要			
		电流互感器与电压互感器	重要			
		SFC 隔离变 10kV 进线开关	重要			
		SFC 输出切换开关	重要			
		机端隔离开关	重要			
		静止变频器	重要			
		电力变流设备母线	重要			
		电力变流设备的电缆	重要			
2	平波电抗器	结构要求	重要			
		铁芯检查	重要			
		绕组检查	重要			
		其他	一般			
3	隔离变	铁芯检查	重要			
		绕组检查	重要			
		引出线	重要			
		本体附件安装	重要			

4.4.3 调试监督

序号	项目	内容	等级	跟踪情况	跟踪人	跟踪时间
1	装置上电	人机接口功能	重要			
		SFC 系统的对外通信功能	重要			
		版本检查	重要			
		SFC 系统的对时功能	重要			
2	平波电抗器	绕组电阻测量	重要			
		增量电感测量	重要			
		外施交流耐压试验	重要			
3	隔离变压器试验	测量绕组直流电阻	重要			
		检查分接头的电压比	重要			
		极性检查	重要			
		测量与铁芯绝缘的各紧固件（连接片可拆开者）及铁芯（有外引接地线的）绝缘电阻	重要			
		测量绕组绝缘电阻、吸收比或极化指数	重要			
		绕组交流耐压试验	重要			
		检查相位	重要			
4	SFC 10kV输入断路器	主回路绝缘水平	重要			
		辅助回路和控制回路	重要			
		主回路电阻的测量	重要			
		操作设备的连锁能力的试验	重要			
		机械动作试验（对开关操作设备）	重要			
5	SFC 切换开关	辅助回路和控制回路绝缘电阻测量	重要			
		断路器的合闸时间、分闸时间和三相分、合闸同期性测量	重要			
		导电回路电阻测量	重要			
		操动机构分、合闸线圈的最低动作电压测量	重要			
		合闸接触器和分合闸线圈的绝缘电阻和直流电阻测量	重要			
		分、合闸线圈直流电阻测量	重要			
		主回路绝缘电阻试验	重要			
		断路器交流耐压试验	重要			
6	机端隔离开关	测量绝缘电阻				
		交流耐压试验				
		隔离开关导电回路的电阻值				
		检查操动机构线圈的最低动作电压				
		操动机构的试验				

续表

序号	项目	内容	等级	跟踪情况	跟踪人	跟踪时间
7	系统静态试验	开入开出试验	重要			
		电流电压采样试验	重要			
		直流量采样试验	重要			
		阀触发试验	重要			
		小电流实验	重要			
		系统联调试验	重要			
		低压大电流试验	重要			
8	系统动态试验	转子通流试验	重要			
		定子通流试验	重要			
		SFC 启动试验	重要			
		SFC 快速再启动试验	重要			
		SFC 启动过程中谐波测量试验				
		系统联调试验	重要			

4.4.4　资料核查

序号	设备	内容	等级	收资情况	接收人	供资人联系方式	接收日期
1	SFC 变频启动系统	技术协议或技术规范书	重要				
		出厂试验报告	重要				
		交接试验报告	重要				
		安装质量检验及评定报告	重要				
		运输记录	一般				
		设备安装、使用说明书	一般				
		合格证书	一般				

4.5　热工控制系统监督作业指导卡

换流站		设备名称	
电压等级		生产厂家	
跟踪日期		设备型号	

4.5.1 到场监督

序号	项目	内容	等级	跟踪情况	跟踪人	跟踪日期
1	设备拆箱	设备外观检查	一般			
		元器件完整性检查	重要			
2	设备保管	已开箱检验的设备	重要			
		其他	一般			

4.5.2 安装监督

序号	项目	内容	等级	跟踪情况	跟踪人	跟踪日期
1	取源部件及敏感元件的安装	一般规定	重要			
		测温	重要			
		压力	重要			
		流量	重要			
		物位	重要			
		机械量	重要			
		其他	重要			
2	就地检测和控制仪表的安装	一般规定	重要			
		压力和差压指示仪表及变送器	重要			
		开关量仪表	重要			
		分析仪表	重要			
		执行器	一般			
3	控制盘（台、箱、柜）的安装	控制盘安装	重要			
		盘上仪表及设备安装	重要			
		计算机及附属系统安装	重要			
4	电线和电缆的敷设及接线	一般规定	一般			
		电缆保护管安装	重要			
		电缆支吊架、电缆桥架安装	重要			
		电线、电缆的敷设及固定	重要			
		接线	重要			
5	管路铺设	一般规定	一般			
		管路弯制和连接	重要			
		导管固定	重要			
6	防护与接地	防爆和防火	重要			
		防腐	重要			
		接地	重要			

4.5.3 调试监督

序号	项目	内容	等级	跟踪情况	跟踪人	跟踪日期
1	热工控制设备调试	一般规定	重要			
		热工测量仪表和控制设备校验前的检查	重要			
		指示仪表	重要			
		数字式显示仪表	重要			
		记录仪表	重要			
		送变器	重要			
		开关量仪表	重要			
		压力仪表	重要			
		带有触点的仪表	重要			
		小型巡测仪	重要			
		转速、位移、振动、膨胀、偏心等监控仪表	重要			
		热电阻	重要			
		电磁继电器或固态继电器	重要			
		监视用工业电视系统	重要			
		仪表管路及线路	重要			
2	DCS 系统功能测试	功能测试总体要求	重要			
		DCS 受电检查	重要			
		设备传动检查	重要			
		计算机监视及控制系统组态检查	重要			
		模拟量控制系统调试	重要			
		输入和输出功能检查	重要			
		人机接口功能的检查	重要			
		显示功能的检查	重要			
		打印和制表功能的检查	重要			
		事件顺序记录和事故追忆功能的检查	重要			
		历史数据存储功能的检查	重要			
		在线性能计算检查	重要			
		机组安全保证功能的检查	重要			
		输入 / 输出（I/O）通道冗余功能的测试	重要			
		DCS 与远程 I/O 和现场总线通信接口的测试检查	重要			
		DCS 与其他控制系统之间的通信接口测试检查	重要			
		卫星时钟校时功能的检查	重要			

续表

序号	项目	内容	等级	跟踪情况	跟踪人	跟踪日期
3	DCS 性能测试	性能测试总体要求	重要			
		系统容错（冗余）能力的测试	重要			
		供电系统切换功能的测试	重要			
		模件可维护性的测试	重要			
		系统的重置能力的测试	重要			
		系统储备容量的测试	重要			
		输入输出点接入率和完好率的统计	重要			
		系统实时性的测试	重要			
		系统各部件的负荷测试	重要			
		时钟同步精度的测试	重要			
4	DCS 系统抗干扰能力测试	电缆的检查	重要			
		抗射频干扰能力的测试	重要			
		DCS 的电源适应能力测试	重要			
5	DCS 逻辑验证	内冷水定子冷却水系统逻辑验证	重要			
		内冷水转子冷却水系统逻辑验证	重要			
		润滑油系统逻辑验证	重要			
		润滑油输送系统逻辑验证	重要			
		循环水系统逻辑验证	重要			

4.5.4 资料核查

序号	设备	内容	等级	收资情况	接收人	供资人联系方式	接收日期
1	热工控制系统	技术协议或技术规范书	重要				
		出厂试验报告	重要				
		交接试验报告	重要				
		安装质量检验及评定报告	重要				
		工程设计图纸	重要				
		产品技术说明书	重要				
		保护软件（程序 / 逻辑图）	重要				
		保护定值单	重要				
		运输记录	一般				
		设备安装、使用说明书	一般				
		合格证书	一般				

4.6 调变组保护装置监督作业指导卡

换流站		设备名称	
电压等级		生产厂家	
跟踪日期		设备型号	

4.6.1 到场监督

序号	项目	内容	等级	跟踪情况	跟踪人	跟踪时间
1	屏柜拆箱	屏柜外观检查	一般			
		元器件完整性检查	重要			
		技术资料检查	一般			
2	附件及专用工器具	备品备件	重要			
		专用工器具	重要			

4.6.2 安装监督

序号	项目	内容	等级	跟踪情况	跟踪人	跟踪时间
1	屏柜安装就位	屏柜就位找正	重要			
		屏柜固定	一般			
		屏柜接地	重要			
		屏柜设备检查	一般			
2	端子排	端子排外观检查	一般			
		强、弱电和正、负电源端子排的布置	重要			
		电流、电压回路等特殊回路端子检查	重要			
		端子与导线截面匹配	重要			
		端子排接线检查	一般			
3	二次电缆敷设	电缆截面应合理	重要			
		电缆敷设满足相关要求	重要			
		电缆排列	一般			
		电缆屏蔽与接地	重要			
		电缆芯线布置	一般			

续表

序号	项目	内容	等级	跟踪情况	跟踪人	跟踪时间
4	二次电缆接线	接线核对及紧固情况	重要			
		电缆绝缘与芯线外观检查	重要			
		电缆芯线编号检查	一般			
		配线检查	一般			
		线束绑扎松紧和形式	一般			
		备用芯的处理	重要			
5	屏内接地	主机机箱外壳接地	重要			
		接地铜排	重要			
		接地线	重要			
6	标示	标示安装	一般			
7	防火密封	防火密封	重要			

4.6.3 调试监督

序号	项目	内容	等级	跟踪情况	跟踪人	跟踪日期
1	保护装置上电	人机对话功能	一般			
		版本检查	重要			
		时钟检查	一般			
		定值	重要			
		电源检查	重要			
		打印机检查	一般			
2	采样回路	交流量采样检查	重要			
3	保护开入、开出检查	开入功能检查	重要			
		开出功能检查	重要			
4	电量保护逻辑验证	调相机差动	重要			
		调相机定子匝间保护	重要			
		调相机复压过流保护	重要			
		调相机定子接地保护	重要			
		调相机注入式定子接地保护	重要			
		调相机转子接地保护	重要			
		调相机过励磁保护	重要			
		调相机过电压保护	重要			
		调相机失磁保护	重要			
		调相机定子过负荷保护	重要			
		调相机负序过负荷	重要			

续表

序号	项目	内容	等级	跟踪情况	跟踪人	跟踪日期
4	电量保护逻辑验证	励磁绕组过负荷保护	重要			
		调相机误上电保护	重要			
		低压解列保护	重要			
		调相机启机差动保护	重要			
		调相机启机过电流保护	重要			
		调相机启机零序电压保护	重要			
		开关量保护	重要			
		主变压器差动	重要			
		主变压器高压侧复压过流保护	重要			
		主变压器高压侧零序过流保护	重要			
		主变压器过励磁保护	重要			
		主变压器过负荷保护	重要			
		断路器闪络保护	重要			
		断路器非全相	重要			
		励磁变压器差动	重要			
		励磁过流保护	重要			
		TA 断线报警	重要			
		TV 断线报警	重要			
5	非电量保护逻辑验证	非电量保护功能检查	重要			
		非电量保护防雨防潮措施	重要			
6	整组传动	整组传动试验	重要			
7	二次回路	二次回路试验	重要			
8	带负荷试验	电压二次回路核相	重要			
		电流二次回路带负荷校验	重要			

4.6.4 资料核查

序号	设备	内容	等级	收资情况	接收人	供资人联系方式	接收日期
1	调变组保护装置	技术协议或技术规范书	重要				
		出厂试验报告	重要				
		交接试验报告	重要				
		安装质量检验及评定报告	重要				
		竣工图纸	重要				
		运输记录	一般				
		设备安装、使用说明书	一般				
		合格证书	一般				

4.7 调相机同期装置监督作业指导卡

换流站		设备名称	
电压等级		生产厂家	
跟踪日期		设备型号	

4.7.1 到场监督

序号	项目	内容	等级	跟踪情况	跟踪人	跟踪时间
1	屏柜拆箱	屏柜外观检查	一般			
		元器件完整性检查	重要			
		技术资料检查	一般			
2	附件及专用工器具	备品备件	重要			
		专用工器具	重要			

4.7.2 安装监督

序号	项目	内容	等级	跟踪情况	跟踪人	跟踪时间
1	屏柜安装就位	屏柜就位找正	重要			
		屏柜固定	一般			
		屏柜接地	重要			
		屏柜设备检查	一般			
2	端子排	端子排外观检查	一般			
		强、弱电和正、负电源端子排的布置	重要			
		电流、电压回路等特殊回路端子检查	重要			
		端子与导线截面匹配	重要			
		端子排接线检查	一般			
3	二次电缆敷设	电缆截面应合理	重要			
		电缆敷设满足相关要求	重要			
		电缆排列	一般			
		电缆屏蔽与接地	重要			
		电缆芯线布置	一般			

续表

序号	项目	内容	等级	跟踪情况	跟踪人	跟踪时间
4	二次电缆接线	接线核对	重要			
		接线紧固检查	重要			
		芯线外观检查	重要			
		电缆绝缘检查	重要			
		电缆芯线编号检查	重要			
		配线检查	重要			
		端子并接线检查	重要			
		线束绑扎松紧和形式	一般			
		备用芯的处理	重要			
		端接片检查	重要			
5	屏内接地	主机机箱外壳接地检查	重要			
		接地铜排检查	重要			
		接地线检查	重要			
6	标示安装	标示安装检查	一般			
7	防火密封	防火密封检查	重要			

4.7.3 调试监督

序号	项目	内容	等级	跟踪情况	跟踪人	跟踪日期
1	保护装置上电	人机对话功能	一般			
		版本检查	重要			
		时钟检查	一般			
		定值	重要			
		电源检查	重要			
2	保护采样检查	交流量采样检查	重要			
3	保护开入、开出检查	开入功能检查	重要			
		开出功能检查	重要			
4	功能验证	自动准同期（检同期方式）	重要			
		运行告警	重要			
5	整组传动试验	同期装置带断路器合闸试验	重要			
6	二次回路试验	绝缘测试	重要			
		电流、电压二次回路试验	重要			

续表

序号	项目	内容	等级	跟踪情况	跟踪人	跟踪日期
7	并网前同源二次核相	并网前同源二次核相试验	重要			
8	假同期试验	假同期试验				
9	自动准同期并网试验	自动准同期并网试验				

4.7.4 资料核查

序号	设备	内容	等级	收资情况	接收人	供资人联系方式	接收日期
1	同期装置	技术协议或技术规范书	重要				
		出厂试验报告	重要				
		交接试验报告	重要				
		安装质量检验及评定报告	重要				
		竣工图纸	重要				
		运输记录	一般				
		设备安装、使用说明书	一般				
		合格证书	一般				

4.8 SFC隔离变压器保护装置监督作业指导卡

换流站		设备名称	
电压等级		生产厂家	
跟踪日期		设备型号	

4.8.1 到场监督

序号	项目	内容	等级	跟踪情况	跟踪人	跟踪时间
1	屏柜拆箱	屏柜外观检查	一般			
		元器件完整性检查	重要			
		技术资料检查	一般			
2	附件及专用工器具	备品备件	重要			
		专用工器具	重要			

4.8.2 安装监督

序号	项目	内容	等级	跟踪情况	跟踪人	跟踪时间
1	屏柜安装就位	屏柜就位找正	重要			
		屏柜固定	一般			
		屏柜接地	重要			
		屏柜设备检查	一般			
2	端子排	端子排外观检查	一般			
		强、弱电和正、负电源端子排的布置	重要			
		电流、电压回路等特殊回路端子检查	重要			
		端子与导线截面匹配	重要			
		端子排接线检查	一般			
3	二次电缆敷设	电缆截面应合理	重要			
		电缆敷设满足相关要求	重要			
		电缆排列	一般			
		电缆屏蔽与接地	重要			
		电缆芯线布置	一般			
4	二次电缆接线	接线核对	重要			
		接线紧固检查	重要			
		芯线外观检查	重要			
		电缆绝缘检查	重要			
		电缆芯线编号检查	重要			
		配线检查	重要			
		端子并接线检查	重要			
		线束绑扎松紧和形式	一般			
		备用芯的处理	重要			
		端接片检查	重要			
5	屏内接地	主机机箱外壳接地检查	重要			
		接地铜排检查	重要			
		接地线检查	重要			
6	标示安装	标示安装检查	一般			
7	防火密封	防火密封检查	重要			

4.8.3 调试监督

序号	项目	内容	等级	跟踪情况	跟踪人	跟踪日期
1	保护装置上电	人机对话功能	一般			
		版本检查	重要			
		时钟检查	一般			
		定值	重要			
		电源检查	重要			
		打印机检查	一般			
2	保护采样检查	交流量采样检查	重要			
3	保护开入、开出检查	开入功能检查	重要			
		开出功能检查	重要			
4	保护逻辑验证	差动保护	重要			
		高压侧过流保护	重要			
		分支一过流保护	重要			
		分支二过流保护	重要			
5	非电量保护逻辑验证	逻辑功能检查				
6	整组传动试验	断路器动作检查	重要			
		保护动作行为检查	重要			
		相关联动回路检查	重要			
		遥信、故障录波检查	重要			
		80% 电压动作检查	重要			
7	二次回路试验	绝缘测试	重要			
		电流、电压二次回路试验	重要			
8	带负荷试验	电压二次回路核相	重要			
		电流二次回路带负荷校验	重要			

4.8.4 资料核查

序号	设备	内容	等级	收资情况	接收人	供资人联系方式	接收日期
1	SFC 隔离变压器保护装置	技术协议或技术规范书	重要				
		出厂试验报告	重要				
		交接试验报告	重要				
		安装质量检验及评定报告	重要				
		竣工图纸	重要				
		运输记录	一般				
		设备安装、使用说明书	一般				
		合格证书	一般				

4.9 内冷水系统监督作业指导卡

换流站		设备名称	
电压等级		生产厂家	
跟踪日期		设备型号	

4.9.1 到场监督

序号	项目	内容	等级	跟踪情况	跟踪人	跟踪日期
1	本体跟踪	外观检查	一般			
		管道及阀门检查	重要			
		离子交换器	重要			
		主过滤器	重要			
		定子、转子冷却水箱	重要			
		转冷泵及定冷泵检查	重要			
		铭牌检查	一般			
2	保存	到场设备的保存	一般			
3	附件跟踪	备品备件检查	重要			
		专业工器具检查	重要			
		相关文件及资料核查	重要			

4.9.2 安装监督

序号	项目	内容	等级	跟踪情况	跟踪人	跟踪日期
1	管道及阀门	管道安装检查	重要			
		阀门安装检查	重要			
2	主水回路	监测仪表位置检查	重要			
		定子冷却水泵和转子冷却水泵的安装检查	重要			
		定转冷主泵电源回路检查	重要			
3	水处理回路	离子交换器安装检查	重要			
		稳压系统检查	重要			
		定子水加碱装置	重要			
		定转子冷却水、转子冷却水断水保护装置	重要			
		定子、转子水冷却器	重要			
		水路各过滤器安装	重要			

续表

序号	项目	内容	等级	跟踪情况	跟踪人	跟踪日期
4	控制柜	控制柜检查	重要			
		控制柜二次接线检查	重要			
		控制柜接地检查	重要			

4.9.3 调试监督

序号	项目	内容	等级	跟踪情况	跟踪人	跟踪日期
1	试验	管道压力试验	重要			
		定子水箱气密试验	重要			
		定子水箱自动排气试验	重要			
		接地试验	重要			
		绝缘耐压试验	重要			
2	单体调试	电动阀门验收	重要			
		定子加热器	重要			
		定子水加碱装置	重要			
		定、转子水泵的试运	重要			
		离子交换器	重要			
		定子、转子冷却水主水路过滤器	重要			
		定子水箱氮气隔离系统	重要			
		主泵电源回路及 MCC 开关柜（动力电源柜）	重要			
		转子水膜碱化净化装置	重要			
3	控制系统调试	二次回路	重要			
		系统的逻辑验证	重要			

4.9.4 资料核查

序号	设备	内容	等级	收资情况	接收人	供资人联系方式	接收日期
1	调相机内冷水系统	技术协议或技术规范书	重要				
		出厂试验报告	重要				
		交接试验报告	重要				
		安装质量检验及评定报告	重要				
		运输记录	一般				
		设备安装、使用说明书	一般				
		合格证书	一般				

4.10 外冷水系统监督作业指导卡

换流站		设备名称	
电压等级		生产厂家	
跟踪日期		设备型号	

4.10.1 到场监督

序号	项目	内容	等级	跟踪情况	跟踪人	跟踪日期
1	本体跟踪	外观检查	一般			
		管道及阀门检查	重要			
		机械通风冷却塔检查	重要			
		水泵的检查	重要			
		铭牌检查	一般			
2	保存	到场设备的保存（见内冷系统）	一般			
3	附件跟踪	备品备件检查	重要			
		专业工器具	重要			
		相关文件及资料核查	重要			

4.10.2 安装监督

序号	项目	内容	等级	跟踪情况	跟踪人	跟踪日期
1	调相机外冷整体要求	布置检查	重要			
2	设备安装检查	管道安装检查	重要			
		阀门安装检查	重要			
		加药系统的安装检查	重要			
		电动滤水器的检查	重要			
		冷却塔水池及工业水池检查	重要			
		工业补水泵和循环泵的安装检查	重要			
		冷却塔检查	重要			
3	屏柜检查	屏柜外观检查	重要			
		屏柜二次接线检查	重要			
		屏柜接地检查	重要			

4.10.3 调试监督

序号	项目	内容	等级	跟踪情况	跟踪人	跟踪日期
1	试验	管道压力试验	重要			
		水力性能试验	重要			
		接地试验	重要			
		绝缘耐压试验	重要			
2	单体调试	循环水泵验收	重要			
		工业补水泵验收	重要			
		电动阀门验收	重要			
		电动滤水器试转	重要			
		冷却塔试运	重要			
		加药系统	重要			
3	系统调试	系统的逻辑验证	重要			
		外冷控制系统	重要			

4.10.4 资料核查

序号	设备	内容	等级	收资情况	接收人	供资人联系方式	接收日期
1	外冷水系统	技术协议或技术规范书	重要				
		出厂试验报告	重要				
		交接试验报告	重要				
		安装质量检验及评定报告	重要				
		运输记录	一般				
		设备安装、使用说明书	一般				
		合格证书	一般				

4.11 除盐水系统监督作业指导卡

换流站		设备名称	
电压等级		生产厂家	
跟踪日期		设备型号	

4.11.1 到场监督

序号	项目	内容	等级	跟踪情况	跟踪人	跟踪日期
1	本体跟踪	外观检查	一般			
		管道及阀门检查	重要			
		铭牌检查	一般			
2	附件跟踪	备品备件检查	重要			
		专业工器具检查	重要			

4.11.2 安装监督

序号	项目	内容	等级	跟踪情况	跟踪人	跟踪日期
1	安装投运技术文件	相关文件及资料核查	重要			
2	泵房设备	设备起重规定检查	重要			
		安装工艺标准核查	重要			
		跟踪要求	重要			
3	管道	管道安装检查	重要			
		管道敷设检查	重要			
		塑料管道安装工艺标准核查	重要			
		钢管安装工艺标准核查	重要			
4	阀门	阀门安装检查	重要			
5	水处理设备	设备布置检查	重要			
6	配电柜	配电及控制装置检查	重要			
		配电盘柜二次接线检查	重要			
		配电盘柜接地检查	重要			

4.11.3 调试监督

序号	项目	内容	等级	跟踪情况	跟踪人	跟踪日期
1	管道加压试验	管道加压试验检查	重要			
2	设备调试	设备调试检查	重要			
		功能调试要求	重要			
3	水质	生活用水水质检查	重要			
4	实验报告	交接实验报告	重要			
		出厂实验报告	重要			
		安装图纸	重要			
		安装质量检验及评定报告	重要			

4.11.4 资料核查

序号	设备	内容	等级	收资情况	接收人	供资人联系方式	接收日期
1	供水系统	技术协议或技术规范书	重要				
		出厂试验报告	重要				
		交接试验报告	重要				
		安装质量检验及评定报告	重要				
		运输记录	一般				
		设备安装、使用说明书	一般				
		合格证书	一般				

4.12 润滑油系统监督作业指导卡

调相机站		设备名称	
电压等级		生产厂家	
跟踪日期		设备型号	

4.12.1 到场监督

序号	项目	内容	等级	跟踪情况	跟踪人	跟踪日期
1	本体跟踪	外观检查	一般			
		阀门	重要			
		法兰	重要			
		管道	重要			
		油箱	重要			
		冷油器	重要			
		油泵	重要			
		滤油器	重要			
		排烟风机	重要			
		油净化装置	重要			
		铭牌检查	一般			
2	附件跟踪	备品备件检查	重要			
		专业工器具检查	重要			
		相关文件及资料核查	重要			

4.12.2 安装监督

序号	项目	内容	等级	跟踪情况	跟踪人	跟踪日期
1	管道、阀门及法兰	管道安装检查	重要			
		阀门安装检查	重要			
		法兰安装检查	重要			
2	主油回路	油箱	重要			
		排烟风机	重要			
		冷油器	重要			
		滤油器	重要			
		油泵	重要			
3	油净化系统	油净化装置	重要			

4.12.3 调试监督

序号	项目	内容	等级	跟踪情况	跟踪人	跟踪日期
1	试验前准备	具备的条件和准备工作	重要			
2	设备试验	管道压力试验	重要			
		阀门严密性试验	重要			
		油箱灌水试验及封闭检查	重要			
		冷油器严密性试验	重要			
		油箱油位检查	重要			
		连续运行试验	重要			
		热工测点传感器	重要			
3	单体试运	交流润滑油泵	重要			
		直流润滑油泵	重要			
		顶轴油泵	重要			
		冷油器	一般			
		过滤器	一般			
		油箱	重要			
		排烟风机	重要			
		电动压力调节阀	重要			
4	系统调试及整定	系统投运前的检查与准备	重要			
		系统投运	重要			
		系统动态调整	重要			
		系统停运	重要			
5	联锁保护	交流润滑油泵联锁试验	重要			
		直流润滑油泵联锁试验	重要			
		主油箱排油烟风机联锁试验	重要			
		主油箱电加热器联锁试验	重要			
		交流顶轴油泵联锁试验	重要			
		直流顶轴油油泵联锁试验	重要			

4.12.4 资料核查

序号	设备	内容	等级	收资情况	接收人	供资人联系方式	接收日期
1	润滑油系统	技术协议或技术规范书	重要				
		出厂试验报告	重要				
		交接试验报告	重要				
		安装质量检验及评定报告	重要				
		运输记录	一般				
		设备安装、使用说明书	一般				
		合格证书	一般				

4.13 低速盘车监督作业指导卡

调相机站		设备名称	
电压等级		生产厂家	
跟踪日期		设备型号	

4.13.1 到场监督

序号	项目	内容	等级	跟踪情况	跟踪人	跟踪日期
1	本体跟踪	开箱检查	重要			
2	附件跟踪	技术文件	重要			
		备品备件	重要			
		专用工器具	重要			

4.13.2 安装监督

序号	项目	内容	等级	跟踪情况	跟踪人	跟踪日期
1	齿轮箱	齿轮箱安装	重要			
2	润滑装置	润滑装置安装	重要			
3	减速器齿轮	减速器齿轮安装	重要			
4	涡轮组	涡轮组装置安装	重要			
5	盘车整体	盘车整体安装	重要			

4.13.3 调试监督

序号	项目	内容	等级	跟踪情况	跟踪人	跟踪日期
1	盘车调试	调试前准备及条件	重要			
		自动投运	重要			
		半自动投运	重要			
		手动投运	重要			
		盘车运行时检查项目	重要			
		自动停运	重要			
		手动停运	重要			
2	联锁试验	盘车的联锁试验	重要			

4.13.4 资料核查

序号	设备	内容	等级	收资情况	接收人	供资人联系方式	接收日期
1	主机低速盘车	技术协议或技术规范书	重要				
		出厂试验报告	重要				
		交接试验报告	重要				
		安装质量检验及评定报告	重要				
		运输记录	一般				
		设备安装、使用说明书	一般				
		合格证书	一般				

4.14 空气冷却器监督作业指导卡

调相机站		设备名称	
电压等级		生产厂家	
跟踪日期		设备型号	

4.14.1 到场监督

序号	项目	内容	等级	跟踪情况	跟踪人	跟踪日期
1	本体跟踪	外观检查	重要			
		开箱检查	重要			

续表

序号	项目	内容	等级	跟踪情况	跟踪人	跟踪日期
2	附件跟踪	1. 铭牌检查	重要			
		2. 技术文件	重要			
		3. 备品备件	重要			
		4. 专用工器具	重要			

4.14.2 安装监督

序号	项目	内容	等级	跟踪情况	跟踪人	跟踪日期
1	冷却器管道	冷却器管道安装	重要			
2	风道	风道安装	重要			
3	空气过滤器	空气过滤器安装	重要			
4	进出水管	进出水管安装	重要			

参考文献

[1] 国家电网公司运维检修部 . 国家电网公司十八项电网重大反事故措施（修订版）辅导教材 . 北京：中国电力出版社，2018.

[2] 国家能源局 . 防止电力生产事故的二十五项重点要求及编制释义 . 北京：中国电力出版社，2014.

[3] 张书豪 . 国家电网公司特高压交流工程建设环境管理执行文件汇编 . 北京：中国电力出版社，2013.

[4] 中国计划出版社 . 电气装置安装工程施工及验收规范合编 . 北京：中国计划出版社，2014.

[5] 丁广鑫 . 特高压交流工程安全文明施工标准化指南 . 北京：中国电力出版社，2009.

[6] 古清生，黄传会 . 走进特高压 . 北京：中国电力出版社，2009.

[7] 国家电网公司基建部 . 国家电网公司变电站工程主要电气设备安装质量工艺关键环节管控记录卡 1000kV 变压器 . 北京：中国电力出版社，2015.

[8] 国家电网公司基建部 . 国家电网公司变电站工程主要电气设备安装质量工艺关键环节管控记录卡 1000kV 电抗器 . 北京：中国电力出版社，2015.

[9] 国家电网公司基建部 . 国家电网公司变电站工程主要电气设备安装质量工艺关键环节管控记录卡 1000kV GIS/HGIS 间隔安装部分 . 北京：中国电力出版社，2015.

[10] 国家电网公司基建部 . 国家电网公司变电站工程主要电气设备安装质量工艺关键环节管控记录卡 1000kV GIS/HGIS 整体部分 . 北京：中国电力出版社，2015.